农事指南系列丛书

茄子产业关键实用技术 100 问

庄　勇　主编

中国农业出版社
北　京

图书在版编目（CIP）数据

茄子产业关键实用技术100问 / 庄勇主编. —北京：中国农业出版社，2021.1
（农事指南系列丛书）
ISBN 978-7-109-27913-1

Ⅰ. ①茄… Ⅱ. ①庄… Ⅲ. ①茄子—蔬菜园艺—问题解答 Ⅳ. ①S641.1-44

中国版本图书馆CIP数据核字（2021）第022936号

中国农业出版社出版
地址：北京市朝阳区麦子店街18号楼
邮编：100125
策划编辑：张丽四
责任编辑：汪子涵
责任校对：吴丽婷
印刷：北京中科印刷有限公司
版次：2021年1月第1版
印次：2021年1月北京第1次印刷
发行：新华书店北京发行所
开本：700mm × 1000mm 1/16
印张：8.25
字数：130千字
定价：50.00元

农事指南系列丛书编委会

丛书序

习近平总书记在2020年中央农村工作会议上指出，全党务必充分认识新发展阶段做好“三农”工作的重要性和紧迫性，坚持把解决好“三农”问题作为全党工作重中之重，举全党全社会之力推动乡村振兴，促进农业高质高效、乡村宜居宜业、农民富裕富足。

“十四五”时期，是江苏认真贯彻落实习近平总书记视察江苏时“争当表率、争做示范、走在前列”的重要讲话指示精神、推动“强富美高”新江苏再出发的重要时期，也是全面实施乡村振兴战略、夯实农业农村现代化基础的关键阶段。农业现代化的关键在于农业科技现代化。江苏拥有丰富的农业科技资源，农业科技进步贡献率一直位居全国前列。江苏要在全国率先基本实现农业农村现代化，必须进一步发挥农业科技的支撑作用，加速将科技资源优势转化为产业发展优势。

江苏省农业科学院一直以来坚持把推进科技兴农为己任，始终坚持一手抓农业科技创新，一手抓农业科技服务，在农业科技战线上，开拓创新，担当作为，助力农业农村现代化建设。面对新时期新要求，江苏省农业科学院组织从事产业技术创新与服务的专家，梳理研究编写了农事指南系列丛书。这套丛书针对水稻、小麦、辣椒、生猪、草莓等江苏优势特色产业的实用技术进行梳理研究，每个产业凝练出100个技术问题，采用图文并茂和场景呈现的方式“一问一答”，让读者一看就懂、一学就会。

丛书的编写较好地处理了继承与发展、知识与技术、自创与引用、知识传播与科学普及的关系。丛书结构完整、内容丰富，理论知识与生产实践紧密结合，是一套具有科学性、实践性、趣味性和指导性的科普著作，相信会为江苏农业高质量发展和农业生产者科学素养提高、知识技能掌握提供很大帮助，为创新驱动发展战略实施和农业科技自立自强做出特殊贡献。

农业兴则基础牢，农村稳则天下安，农民富则国家盛。这套丛书的出版，标志着江苏省农业科学院初步走出了一条科技创新和科学普及相互促进、共同提高的科技事业发展新路子，必将为推动乡村振兴实施、促进农业高质高效发展发挥重要作用。

2020年12月25日

序

茄子是一种重要的世界性蔬菜，具有丰富的营养价值和药用价值。茄子非常美味，食用方式多样，可炒、烧、焖、蒸、煎、烤，深受广大消费者喜爱。我国是世界上最大的茄子生产和消费国。近十几年来随着设施农业的发展以及新优品种的推广应用，我国茄子生产已实现了周年生产和周年供应，茄子产业在保证市场供应和促进农民增收中发挥了重要作用。

为进一步提高我国茄子生产水平，促进茄子产业健康发展，江苏省农业科学院茄子创新团队针对目前我国茄子生产中关键实用技术进行了系统梳理和全面分析，编写了《茄子产业关键实用技术100问》一书。该书系统地介绍了茄子产业链的各个环节，包括茄子产业概况、茬口安排、连作障碍防治、品种选择、育苗、定植、肥料和水分管理、植株调整、果实管理、肥害和药害防治、病虫害防治以及采收和贮运加工等内容。该书以一问一答的形式向读者具体展示了茄子产业链中的各个技术要点，内容新颖、实用、生动，操作性强，便于生产者自学，解决生产实践中遇到的问题，提高生产水平。

江苏省农业科学院自20世纪70年代起开始茄子研究工作，是国内最先开展茄子杂种优势利用研究的单位，选育出第一个通过国家认定的茄子杂交品种——苏长茄，选育的系列品种及配套的栽培技术在生产上得到大规模推广应用。《茄子产业关键实用技术100问》是茄子创新团队多年科研成果的凝练和对生产实践的总结，是一项从科技创新到科技服务的重要成果，对茄子生产者来说是一本重要的实用技术书，对农技推广人员和“三农”工作管理者也具有参考价值。

陈劲枫

2020年12月

前　言

茄子在我国普遍种植，是五大设施蔬菜作物之一，在保证市场供应与促进农民增收中发挥着重要作用。为进一步发挥科技对茄子产业的支撑作用，本书聚焦茄子产业链关键技术需求，以指导性、针对性、实用性和可操作性为目标，采用问答的形式系统地介绍了茄子生产与销售中的关键技术，内容包括：产业发展现状与趋势、栽培茬口安排、连作障碍防治、品种选择、育苗、定植、水肥管理、植株调整、果实管理、肥害防治、药害防治、病害防治、虫害防治、采收、包装、贮藏和运输。本书内容全面，实用性强，通俗易懂，适合一线农业推广人员和茄子种植户学习使用，也可供农业相关专业师生参考。本书第一章、第二章和第十四章由庄勇编写，第三章、第四章和第五章由周晓慧编写，第六章、第七章和第八章由刘军编写，第九章、第十章和第十一章由杨艳编写，第十二章和第十三章由刘松瑜编写。

编　者

2020年11月

目　录

第一章

茄子产业发展现状与趋势

目前茄子产业有哪些特点？

茄子是一种重要的世界性蔬菜作物，在我国栽培历史悠久，是南北方广泛栽培的主要蔬菜作物之一。中国是世界上最大的茄子生产和消费国。根据联合国粮食及农业组织统计，2018年全球茄子种植面积为186.46万公顷，产量5407.72万吨；中国茄子种植面积为80.46万公顷，产量3403.76万吨。茄子生产过去多以露地栽培为主，设施栽培较少。近十几年来随着设施农业的发展以及新优品种的选育推广，逐渐打破了茄子栽培的原有模式，设施栽培已成为茄子商业化生产的主要模式。

目前我国茄子生产已实现了周年生产和周年供应，茄子产业在保证市场供应和促进农民增收中发挥了重要作用。近年来，随着种植业结构调整和物流业的快速发展，农产品供应链日趋完善，形成了全国大市场和大流通的格局。在此背景下，茄子产业也呈献出新的特点：

（1）栽培设施化。茄子是我国五大设施蔬菜作物之一。在传统露地栽培的基础上，综合利用大棚和日光温室进行春提早、秋延后和越冬栽培，实现了周年生产，并通过发达的物流业，实现了全国茄子的周年供应。就江苏省的生产而言，淮北地区日光温室越冬栽培可保证冬季和早春的市场供应，其他地区的大棚栽培可保证春秋两季的市场供应，露地栽培就地就近供应夏季市场。

（2）基地专业化。在政府优惠政策和市场需求引导下，蔬菜种植相关的合作社和家庭农场发展迅速，加之一些经验丰富的老菜农异地租地种菜，原有的一家一户小规模分散种植的模式正发生变化，茄子生产基地化趋势明显，单个基地的规模明显增加。种植户抱团发展，相互交流，种植水平得到较大提高，产品的数量和质量对农产品经纪人吸引力增强。

（3）品种多样化。茄子作为一个消费习惯区域性差异明显的作物，由于消费者具有一定的偏好性，同一地区的品种类型往往比较单一。随着人口来源的多样化和物流业的发展，各地尤其是一些大的蔬菜产地，种植的茄子品种类型有所增加。本地生产的茄子不一定供应本地，也可能是供应其他地区；本地消费的茄子也不完全是本地生产，而是来自其他地区。

目前茄子产业存在哪些问题？

近年来，我国茄子产业得到长足发展，在保证市场供应和促进农民增收中发挥了重要作用，在一些地方已成为农民致富的主导产业。茄子产业已形成了比较完整的产业链，但从充分满足生产者和消费者需求的角度来看，仍存在以下几个主要问题：

（1）茬口安排不合理。茄子生育期长，很容易发生保护地茬口与露地茬口重叠现象，导致上市期比较集中，产品销售困难，价格低，影响经济效益。以江苏省为例，价格比较稳定、经济效益较好的越冬茬和秋延后茬安排较少，茄子生产主要是春夏茬，盛产期集中在5—9月，尤其5月下旬至6月，日光温室、大棚和露地生产的茄子同期上市，供过于求，市场价格波动大，有时价格接近于生产成本，效益低，部分种植大户甚至会因用工成本高而亏损。

（2）缺少综合性状优良的品种。传统品种食用品质好，深受消费者喜爱，但在目前大市场和大流通的格局下，其商品性、产量、抗性、耐贮运性已不能满足生产需求，种植效益低，农民种植和农产品经纪人收购的积极性不高，已在规模化生产基地尤其是设施栽培基地中大量淘汰。近年来大面积推广应用的新品种，其商品性、产量、抗性、耐贮运性能够满足农民和农产品经纪人的要求，但食用品质下降，主要表现为果皮较厚、果肉较硬，不能满足消费者对品质的要求。

（3）缺少轻简、优质和高效的实用栽培技术。茄子生产周期长，连续结果，连续采收，需经常性的进行整枝、打杈、摘叶、吊蔓、点花等工作，田间工作量大，用工成本高，管理稍有不到位，就会影响产品质量和植株后续生长，导致经济效益下降。由于各地温度、光照、土壤等存在差异，不同类型品种的栽培技术要求不同，栽培技术通用性不强。在实际生产中，农民多依靠经验积累和借鉴别人的种植技术，达不到理想效果。因此，有必要根据当地实际情况，制定并应用轻简、优质和高效的实用栽培技术。

（4）病虫害和连作障碍发生严重。现在的蔬菜规模化生产多为流转或租用土地，为提高土地利用效率，蔬菜往往周年生产，田间虫源和病原菌基数较高，病虫害呈加重发展的趋势。此外随着设施化、基地化的快速发展，农户种植的蔬菜种类相对固定，很难实现轮作。黄萎病和根结线虫等土传性病害危害严重，只能通过嫁接苗进行防治，增加了生产成本，有时因田间管理不到位而达不到理想防治效果。此外，长期种植蔬菜使土壤得不到有效恢复，连作障碍发生严重，严重影响植株生长，降低产量。

3 影响茄子种植效益的因素有哪些？

产量、销售价格和生产成本决定着茄子种植的经济效益。随着种植业结构的调整和市场需求的调节，近年来茄子种植面积有所增长，茄子产品供需基本平衡，有时会出现供过于求现象，人工成本增加，产量不再对效益具有决定性作用。要提高茄子的种植效益，需综合考虑以下3个方面因素：

（1）优良品种。品种特性决定产品的商品性和产量。产品的商品性决定销售价格。与一般品种相比，优良品种具有较好的商品外观，如果实的形状美观、果皮颜色深且均匀、光泽度强等，食用品质佳，产品的整齐度好，农产品经纪人喜欢收购，消费者喜欢购买，即使在市场供过于求的情况下也很容易销售出去，而且价格也较普通品种高。优良品种遗传上比较稳定，适应性强，有着较好的抗病性和抗逆性，商品果率高，具有高产稳产的优势。

（2）生产成本。生产成本高是影响当前茄子种植效益的重要因素。生产成本主要包括人工成本、农资成本和土地成本，其中人工成本在生产成本中占比较大，近年来增长较快。在茄子种植过程中，整枝、打杈、摘叶、吊蔓、点花、采收等管理措施用工量大，且不可减少，否则会影响产量和产品的商品性。利用新型农资和优化栽培技术可减轻病、虫、草害发生，减少防治的人工成本。采用水肥一体化技术可提高水肥利用率，降低水肥管理成本。

（3）上市时间。上市时间是影响茄子销售价格的决定因素。以江苏省为例，冬季和早春上市的茄子主要产自淮北地区的日光温室和多层覆盖的春提早大棚，由于受气候条件的影响，上市量小，价格较高且比较稳定。4月至5月上中旬，全省各地的大棚茄子陆续上市，供应量增加，价格略降但仍保持较高的水平。5月下旬至6月，保护地和露地茄子同期上市，经常供过于求，价格下降明显且波动大。7—9月为露地茄子，多为就地就近供应，因生产成本低，价格不高且比较稳定。10—12月为大棚秋延后茄子，价格较高且比较稳定，但种植面积不大。

4 茄子产业发展有哪些趋势？

在市场需求和科技进步的推动下，茄子从露地栽培发展到保护地栽培，从一家一户零散种植到基地规模化生产，从就地生产、就地就近供应发展到全国大生产、大流通，超市、菜市场的货架上每天都有茄子供应，产品的数量已充分满足了市场需求。但随着人民群众生活水平的提高，消费者对产品质量提出了更高的要求，茄子科研人员、生产者、流通者和销售者也会做出相应调整，整个茄子产业将会进行优化提升，主要趋势如下：

（1）设施栽培面积将不断扩大。采用日光温室和大棚种植茄子，茬口安排比较灵活，可根据市场需求调整生产时间，受自然灾害影响较小，设施内环境易于控制，产品质量好，采收期长，产量高，经济效益高且相对稳定，是茄子优质高效生产的发展方向。露地茄子主要是夏季生产，易受高温、暴雨、大风等恶劣天气的影响，减产减收时有发生，产量和质量都不稳定，有时甚至会绝收，因此，除华南和西南部分地区外，露地茄子面积将逐渐缩小。

（2）育苗产业将快速发展。茄子育苗期因不同育苗季节而异，时间在1～3个月，技术要求高，各种恶劣天气和病虫害经常影响育苗。近年来，由于茄子生产的设施化和基地化，合理的轮作很难实现，连作障碍严重，生产上使用嫁接苗的比例逐步增加。对于种植户来说，自己育苗所需的人力和物力较多，越来越多的种植户放弃了自己育苗，转而购买商品苗。专业化的茄子育苗公司（场）除商业化育苗外，还开展新品种的引进和筛选，可为生产者提供优良品种的健壮种苗。

（3）标准化生产技术将广泛应用。茄子作为一种生产周期长、技术要求高、管理用工多的作物，标准化生产是大势所趋，是提高种植效益的必要手段。茄子科研、推广和种植人员会根据品种类型、自然环境、栽培模式和栽培茬口的差异，从品种选择、环境调控、植株调整、水肥管理和病虫害防治等方面综合考虑，因地制宜研发集成并推广应用轻简、优质和高效的实用栽培技术，实现茄子的标准化生产，并为茄子产业增效提供技术支撑。

（4）茄子产品的品质将显著提升。在市场需求推动下，茄子新品种和新技术的研发会得到加强，并广泛推广应用，产品将会更加优质。主要表现在以下3个方面：一是商品性提高，果实形状周正，果皮着色好且亮，很容易吸引消费者。二是食用品质提高，随着物流业的快速发展和冷链系统的完善，不再过分强调产品的耐贮运性，食用品质优良的品种将会得到大面积推广应用。三是安全性提高，优良品种和病虫害绿色防控技术的应用，可切实减少农药的使用。

（5）产品的销售模式将发生变化。目前茄子产品销售仍以传统的“种植户—经纪人—批发市场—零售商—消费者”模式为主，农超模式占比较少。传统模式流通成本高，中间环节多，消费者购买的价格一般是种植户销售价格的3倍左右。随着社会经济发展水平的提高，人民群众的消费习惯会逐渐发生改变，除传统的农贸市场外，生鲜超市和生鲜配送的消费群体将逐渐增加。生鲜超市和配送企业会通过与生产基地合作来保证产品供应，对产品的要求较高，特别是产品的商品性和安全性。

第二章

茄子栽培茬口安排

5 茄子栽培对温度有什么要求？

温度是确定茄子茬口安排的最重要因素。茄子是喜温作物，对温度的要求比辣椒和番茄高，不同生长阶段对温度的要求不同。在茄子发芽期，适宜温度为25～30℃；温度偏低，发芽慢且不整齐，甚至出现烂种现象；温度偏高，发芽快但长势弱，容易形成徒长苗；变温处理（30℃ 16小时，20℃ 8小时）能促进茄子整齐发芽。在茄子苗期，白天适宜温度为25～30℃，夜间适宜温度为18～20℃；温度低于15℃，幼苗生长缓慢；温度低于10℃，幼苗停止生长；温度长时间低于8℃，幼苗易发生冷害；温度高于35℃，幼苗易徒长，形成高脚苗。在茄子开花结果期，白天适宜温度为25～30℃，温度高于35℃或低于20℃，不能正常受精，影响结果；夜间适宜温度为18～20℃，温度低于15℃，植株生长缓慢，不易结果；温度过高，植株呼吸旺盛，消耗大，果实生长缓慢，果实着色差。

6 茄子栽培对光照有什么要求？

光照是确定茄子茬口安排的重要因素。茄子是喜光性作物，光饱和点为4万勒克斯，光补偿点为2万勒克斯。光照对茄子生长的影响主要表现在3个方面：一是影响植株光合作用。苗期如光照不足，叶色变淡，光合作用合成量减少，影响花芽分化，植株生长缓慢，易形成高脚苗；开花结果期光照不足，植株易徒长，不易坐果，果实生长慢。二是影响温度。弱光不但降低植株的光合作用，在冬春季设施栽培中还影响设施的增温保温效果，棚内温度达不到植株生长发育的要求，甚至会造成冷害。三是影响果实的商品外观。光照过强，易造成日灼；光照不足，影响色素合成，果皮颜色变浅。

7 茄子有哪些栽培茬口？

茄子对光周期不敏感，只要气候适宜，一年四季均可开花结果。广东、广西、福建、海南、云南等地，可利用露地进行周年栽培。其他地区通过采用不同类型的设施，也可以实现茄子的周年生产与供应。以江苏省为例，主要有以下几个茬口：

一是越冬茬日光温室长季节栽培，定植期为10—11月，采收期为12月至第二年4—5月，此茬口采收期长，产量高，销售价格高且比较稳定，种植效益好，但成本投入大，技术要求高，且由于受冬季和早春温度、光照条件的限制，江苏仅淮河以北地区可以种植。

二是日光温室或大棚春提早栽培，定植期为1—3月，采收期为4—6月，此茬口上市期主要集中在越冬茬口结束和露地茬口上市之间，前期销售价格高且比较稳定，后期价格低且不稳定，是江苏省主要的保护地栽培茬口，提早上市可增加该茬口的种植效益。

三是露地栽培，定植期为4—7月，采收期为6—10月，此茬口成本投入低，产量受气候影响较大，高温和暴雨极易造成减产，甚至绝收，销售价格不稳定，忽高忽低，多为就近生产与供应。

四是日光温室或大棚秋延后栽培，定植期为7—8月，大棚栽培采收期为9—11月，日光温室栽培可延长至第二年1—2月，此茬口销售价格比较高且比较稳定，但生产易受7—8月高温影响，种植规模不大。

茄子如何确定栽培茬口？

栽培茬口对茄子种植效益具有重要作用。确定一个合适的茬口，要注意以下几点：一是气候条件。如种植效益高的越冬茬日光温室长季节栽培，冬季棚内温度的提高依赖于阳光，如阴雨天气多，光照不足，则达不到好的种植效果，在江苏淮安和宿迁地区的种植效果就没有徐州和连云港地区好。二是设施条件。由于茄子是喜光性作物，且光照对茄子果皮着色有很大影响，越冬栽培只能使用日光温室，如使用大棚，虽然可通过多层覆盖起到增温保温效果，但棚内光照弱，不能完全满足茄子生长发育的要求。三是地质条件，地下水位高的地区进行设施栽培，冬季和早春棚内温度低、湿度大，植株生长缓慢，且极易发生各种病害，不宜采用越冬栽培，春提早栽培时间也不能太早。四是销售市场。如生产目的是就地就近上市，则茬口选择要求不严。如生产目的是外销，当地同一茬口应有适当规模，有农产品经纪人采购，否则会产生销售难问题。

9 茄子如何与其他作物进行套作？

茄子幼苗生长较慢，可利用苗期与其他作物进行套作，充分利用温光资源，提高土地利用率，增加收入。具体有以下几种模式供参考：一是日光温室茄子与叶菜类蔬菜套作。在茄子定植后，可在其行间定植一些生长速度快的叶菜，如生菜、油麦菜、小白菜等，田间管理以茄子为主，兼顾叶菜的生长进行水肥管理，可采收叶菜1～2茬。二是大棚茄子与豆类蔬菜套作。在茄子定植时或定植后，在畦面或垄中间播种豇豆或四季豆，穴距80厘米左右，每穴3～4粒种子，出苗后及时破膜露出苗，爬蔓后拉绳引蔓上架，蔓生长快至棚架时摘心，田间管理以茄子为主，兼顾豆类。三是大棚茄子与丝瓜套作。前期以茄子生长为主，中后期在近大棚边缘处定植丝瓜，丝瓜爬蔓后引蔓至大棚架，茄子拉秧前后除去大棚膜，丝瓜在大棚架上生长。四是露地茄子与其他作物套作。可选的套作作物较多，但应选择比较矮的作物，以不影响茄子植株通风透光为好。

第三章 茄子连作障碍防治

连作障碍的形成原因有哪些?

在同一块地上，连续多年种植同一作物或亲缘关系近的作物后，会出现作物生育发育状况不良，病虫害严重，产量降低，品质变差，此现象称为连作障碍。蔬菜生产由于集约化程度高、复种指数高和作物种类相对单一，连作障碍较其他农作物严重，其中设施蔬菜最为严重，是影响设施蔬菜产业发展的重要因素。

连作障碍的形成主要有以下3个方面原因：一是土壤物理和化学性质恶化，影响养分的吸收和利用。蔬菜生产施肥量大，土壤中盐分积累多，发生次生盐渍化和酸化，土壤发白或发红（图3-1 、图3-2），使土壤板

图 3-1　土壤盐渍化发白*

图 3-2　土壤盐渍化发红

* 本书图片均由江苏省农业科学院提供。

结，通气透水性差，土壤中养分不能被有效吸收。此外，长期连作会引起土壤中某一种或某几种营养元素亏缺，而某些营养元素过剩，造成土壤养分失衡，易生缺素症。二是土壤中的有害微生物增加，土传性病害加剧。连作土壤中，根系的分泌物和植株残体为病原菌生存和繁殖提供了丰富的营养，尤其是设施中适宜的温度和湿度为病原菌繁殖提供了良好的条件。三是蔬菜作物有自毒作用，抑制植株生长。茎、叶、根系等组织被雨水冲刷和植株残体腐烂可产生有害化学物质，根系也分泌一些有毒物质。目前已经证实，番茄、茄子、辣椒、西瓜、甜瓜和黄瓜等作物极易产生自毒作用。

11 连作障碍对茄子有什么影响?

茄子属于忌连作作物，无论是露地还是保护地，连作均显著降低了茄子的产量和经济效益。连作对茄子生长的影响主要表现在两个方面。一是影响植株生长发育。连作土壤物理和化学性质发生变化，根系浅且活力下降，严重影响了对各种营养元素的吸收和积累，使大小苗现象严重，植株株高下降，叶面积减少，叶片叶绿素含量下降，叶色变淡，光合能力下降，生长发育减慢，抗病抗逆能力下降，产量减少，果实的商品品质和食用品质下降（图3-3）。二是土传性病害发生加重。连作地块中，黄萎病、枯萎病、青枯病、根结线虫病等

图3-3 大小苗现象

土传性病害的发生和蔓延加剧，造成植株大面积萎蔫死亡，即使使用嫁接苗也不能有效控制病害的发生。

12 茄子如何防治连作障碍？

连作障碍是全世界农业生产的一大难题，在蔬菜作物上的发生和危害尤其严重。茄子栽培设施化、基地专业化和规模化的发展，加剧了茄子连作障碍的发生，严重制约了茄子产业的可持续发展。茄子连作障碍是由多种因素引起，很难通过一种或少数几种措施来完全解决问题。生产上应以预防为主，通过合理的耕作制度、土壤管理和栽培技术措施，减缓连作障碍的发生，降低连作障碍发生的严重程度。具体防治措施如下：

（1）合理轮作。防治茄子连作障碍最有效的方法是长期轮作，轮作期至少3年，轮作期内也不能种植番茄、辣椒、马铃薯等茄科作物。长期轮作可有效减少土壤中源自茄子植株的有毒物质和病原菌，显著降低土传病害的发生和危害，这种措施对露地生产有比较好的效果，对设施中土壤盐渍化引起的连作障碍无效果。但在实际生产中，长期轮作很难实现，在有条件的地方可采用水旱轮作，即茄子与水稻或水生蔬菜进行轮作，可有效地减轻病害发生和土壤盐渍化。

（2）嫁接防治。抗性品种的使用是克服连作障碍的有效方法。现有茄子品种对土传性病害和土壤盐渍化的抗性还不能达到生产要求。茄子的一些野生种具有较强的抗病和耐盐能力。从种苗角度来看，最有效的措施是利用以野生茄子（托鲁巴姆）为砧木的嫁接苗，对茄子黄萎病、枯萎病和根结线虫病及土壤盐渍化具有较好的防治效果。但嫁接苗的应用并不能完全克服连作障碍，对连作障碍严重地块的防治效果也不太理想，生产上嫁接苗大面积发生土传性病害的现象时有发生。

（3）土壤灭菌。通过化学物质熏蒸或高温杀灭土壤中的病原菌，可切实减轻病害的发生。目前生产上使用的土壤熏蒸剂主要有石灰氮和威百亩。这种方法效果虽好，但成本高，需要大量的人力和时间投入，且毒性较大，对环境有污染。国外研究发现，茄子前茬种植芥子油甙含量高的芥菜，切割破碎后翻入土壤，释放出来的异硫氰酸盐气体对土壤中的黄萎病病菌有熏杀作用，可产生较好的防治效果。另外一个比较有效的措施是高温高湿灭菌，在温室或大棚中灌水，利用夏季进行高温闷棚，具有明显的杀菌效果。

（4）生物有机肥。大量使用化肥破坏土壤结构，肥料利用率低，加重连作障碍。生物有机肥除具有普通肥料的功能外，还具有一些能够减轻连作障碍的特点，主要表现在以下3个方面：一是增进土壤肥力。肥料中有益微生物大量繁殖，能够活化土壤中的营养元素，改善土壤理化性质，疏松土壤。二是减轻病害发生。土壤中引入的有益微生物与病原微生物形成竞争，抑制病原生长与繁殖，减轻土传性病害的发生。三是提高产量与品质。肥料中有益微生物大量繁殖，能够产生大量的活性物质，促进植株光合作用。

（5）淋溶洗盐。设施长期农膜覆盖，盐分积累多，是茄子栽培的一大障碍。在换茬空隙，进行人工灌水洗盐，可降低土壤中的盐分含量。将田地土壤翻耕做埂后灌水，使水层达到5厘米左右并浸泡1周，土壤中的盐分和有害物质溶于水中，一部分溶解稀释到下层土壤中，一部分随水排出，可达到降低土壤盐分含量的目的，此方法可结合夏季高温闷棚进行。另外，在多雨季节揭去棚膜，让雨水自然冲淋，可有效降低土壤中的盐分。

（6）加强田间管理。改进水肥管理措施，增施有机肥，减少化肥施用量，采用水肥一体化技术，减少大水漫灌，提高水肥利用率，可有效减轻土壤盐渍化和土壤板结。黄萎病、枯萎病等土传性病害发生初期，及时拔除病株，灌根防治，防止病害蔓延。清洁田园时要清理干净，避免残株在土壤中腐烂生成有毒物质，影响以后茄子植株的生长。

第四章 茄子品种选择

13 茄子有哪些品种类型？

我国茄子栽培历史悠久，品种资源十分丰富。根据商品果果皮颜色，主要可分为白色、绿色、紫红色和紫黑色，此外还有一些特殊类型的品种，如西南地区生产和消费的竹丝茄，其果皮为绿色加紫色条纹。根据果实形状，主要分为圆茄、卵茄和长茄，其中长茄又可再分为棒形和条形。由于我国各地生态环境和消费习惯的不同，品种类型地域间差异较大，不同地区、不同栽培目的对果实的形状、果皮颜色、果实长度和粗度、果肉颜色、果肉硬度等要求不同。

14 主要的紫圆茄品种有哪些？

紫圆茄生产与消费区域主要在北京、天津、河北、河南、山东北部、内蒙古中部、山西等地，在云南的南菜北运基地也有种植，果皮颜色可分为紫黑和紫红，果实形状也有差异，如图4-1、图4-2和图4-3所示。主要品种如下：

图 4-1　紫黑圆茄

图 4-2　紫红圆茄

图 4-3　绿萼紫黑卵圆茄

园杂16：中国农业科学院蔬菜花卉研究所选育的茄子杂交品种。植株生长势强，连续结果性好。门茄在第7～8片叶处着生，果实扁圆形，纵径9～10厘米，横径11～13厘米，单果质量350～700克，果皮紫黑色，有光泽，果肉肉质细腻，味甜，商品性好。适宜春露地、日光温室和早春塑料大棚栽培。

园杂460号：中国农业科学院蔬菜花卉研究所选育的茄子杂交品种。植株直立，生长势强，连续结果性好。始花节位在第7～8节，果实近圆形，纵径10～12厘米，横径12～13厘米，单果质量500～800克。果皮紫黑色，有光泽。果肉紧实，淡绿色，肉质细腻，商品性好。适宜华北、西北地区春秋日光温室、早春塑料大棚和春露地栽培。

京茄2号：北京市农林科学院蔬菜研究中心选育的茄子杂交品种。植株生长势强，中早熟。单果质量500～750克。果实圆球形，果皮紫黑色，有光泽。果肉浅绿白色，肉质致密细嫩，品质佳。该品种适应性广，既适于大棚、小拱棚覆盖露地早熟栽培，也可进行越夏栽培或秋大棚栽培。

京茄3号：北京市农林科学院蔬菜研究中心选育的茄子杂交品种。植株生长势较强，始花节位在第7～8节，单果质量500～700克。果实扁圆形，果皮紫黑色、有光泽。果肉浅绿色，品质佳。中早熟、丰产性、抗病性较好，适合春秋大棚和露地栽培。

京茄6号：北京市农林科学院蔬菜研究中心选育的茄子杂交品种。早熟，丰产，抗病，较耐低温弱光。植株生长势较强，叶色深紫绿，平均单株结果数8～10个，单果质量600～900克。果实为扁圆形，果皮紫黑发亮，商品性状佳。果肉浅绿白色，肉质致密细嫩，品质佳。适宜春季拱棚及露地栽培。

京茄黑宝：北京市农林科学院蔬菜研究中心选育的茄子杂交品种。株形紧凑，始花节位在第7～8节，果实发育速度快。果形近圆球形，果脐小，果皮紫黑色，光泽度强，果肉淡绿色，食用品质好。单果质量600～800克。耐低温，弱光性好，适宜早春保护地栽培。

宝来：天津科润蔬菜研究所选育的茄子杂交品种。中晚熟，植株长势旺盛，茎粗壮，叶片肥厚，抗性强。门茄着生于第9节，果实圆球形，果皮紫红色，光泽亮丽，果脐凹且小，果肉洁白细嫩，商品性极佳，果型周正，连续坐果能力强，平均单果质量800克左右。

圆丰一号：天津科润蔬菜研究所选育的茄子杂交品种。早熟，门茄着生于

第7节，株高70厘米，开展度65厘米，果皮深紫色，有光泽，扁圆形，发育速度快，肉质洁白细嫩，品质极佳，单果质量550克左右。适合华北、西北及中原地区早春保护地和春露地栽培。

天津二苠茄：天津市地方品种。门茄着生于第7～8节。果实扁圆球形，纵径9～13厘米，横径12～15厘米，单果质量400～500克。果皮黑紫色，有光泽。品质优良。中早熟、耐热、抗病、喜水肥，较耐贮运。

茄杂1号：河北省农林科学院蔬菜花卉研究所育成的茄子杂交品种。株高80～90厘米，叶色深绿，生长势强，始花节位在第8～9节，早熟。果实高圆形，果皮紫黑色，果面光滑，果把紫黑色，果肉浅绿白，抗逆性及抗寒能力强，宜作早熟栽培。

茄杂2号：河北省农业科学院蔬菜花卉研究所育成的茄子杂交品种。株高80～90厘米，生长势强，始花节位在第8～9节，单果质量600～800克。果实圆形，紫红色，有光泽，果把紫色，果肉浅绿白色。适于春保护地及露地栽培。

黑帅圆茄：河北农业大学育成的茄子杂交品种。植株长势健壮，株形紧凑，坐果性能好。果实圆球形，紫黑色。单果质量平均720克，最大达1100克，籽粒少且小。果肉洁白细腻，褐变程度轻，食用品质佳。耐热性较强，抗病性中等。适宜在河北、河南、山东等省份以及京津地区做保护地及露地栽培。

晋茄早1号：山西省农业科学院育成的茄子杂交品种。植株直立，生长势强，始花节位在第7～8节，单果质量500克左右。果实近圆形，果皮黑紫色，有光泽，果肉淡绿色，果肉紧实，口感好，品质优，商品性好。早熟，不易早衰。抗病性强，产量高。适合山西春夏季露地及类似气候地区栽培。

早红茄1号：湖南省农业科学院育成的茄子杂交品种。早熟，植株生长势强。果实卵圆形，果皮紫红色，光泽好，果实纵径12厘米，果实横径9厘米，单果质量350克左右，果柄多绒毛。果肉白色、肉质细、品质好。早熟、丰产，耐寒性强、耐肥。抗青枯病和绵疫病能力强。

早红茄2号：湖南省农业科学院育成的茄子杂交品种。早熟，植株生长势强，株形较开展。果实卵圆形，果皮紫红色。果实纵径12厘米，果实横径8厘米，单果质量约350克。果肉白色、较紧实，耐贮运。早熟，耐寒性强，耐热，坐果性好。抗茄子青枯病和黄萎病能力强。适做春季露地或保护地早熟栽培，可越夏长季节栽培。

15 主要的紫黑长茄品种有哪些?

紫黑长茄生产和消费区域主要在黑龙江、吉林、辽宁、内蒙古东部、重庆、四川、云南、贵州、上海、江苏、湖北、安徽等地。品种间在果实形状、长度、粗度、萼片颜色、果肉硬度上差异较大，如图4-4、图4-5和图4-6所示。主要品种如下：

图4-4 绿萼紫黑长茄

图4-5 紫黑长棒茄

图4-6 紫黑长条茄

布利塔：荷兰瑞克斯旺公司选育的耐低温品种。植株开展度大，早熟。果实棒形，绿萼，果皮紫黑色。果实纵径25～35厘米，横径6～8厘米，单果质量250～350克。连续坐果性好，丰产性好，采收期长，耐低温性好，货架期长。适合日光温室长季节栽培。

765：荷兰瑞克斯旺公司选育的耐低温品种。植株开展度大，早熟。果实棒形，绿萼，果皮紫黑色。果实纵径25～35厘米，横径6～8厘米，单果质量400～450克。连续坐果性好，丰产性好，采收期长，耐低温性好，货架期长。适合日光温室长季节栽培。

金刚：西安桑农种业有限公司选育的杂交品种。植株高大，早熟。果实棒形，绿萼，果皮紫黑色。果实纵径23～32厘米，横径5～7厘米。坐果率高，发育速度快，硬度好，耐运输，货架期长。耐高温，夏季露地栽培果实生长和色泽不受影响，适合露地种植，也可在保护地进行早春和秋延后栽培，但不宜做日光温室越冬栽培。

大龙长茄：哈尔滨全福种苗公司从日本引进的优良品种。中早熟、产量高。果实长棒形，果实纵径35厘米左右，横径5～6厘米，单果质量250～300克。果皮黑紫色、光泽好，食用品质佳。适合全国各地早春和秋延后保护地栽培。

长杂8号：中国农业科学院蔬菜花卉研究所选育的茄子杂交品种。株型直立，生长势强，单株结果数多。果实长棒形，果实纵径26～35厘米，横径4～5厘米，单果质量200～300克。果色黑亮，肉质细嫩，籽少。果实耐老，耐贮运。适宜东北、华北、西北地区春露地和保护地栽培。

长杂212：中国农业科学院蔬菜花卉研究所选育的茄子杂交品种。中熟，株型直立，生长势强。果实棒形，果实纵径23～26厘米，横径5～6厘米，单果质量150～180克。果色黑亮，萼片绿色。果实耐老，耐贮运。适宜东北、华北、西北地区日光温室和大棚栽培。

京茄15号：北京市农林科学院选育的茄子杂交品种。早熟，植株生长势强，果实长棒形，果实纵径30～40厘米，横径4～6厘米。果皮紫黑色、有光泽，果肉浅绿白色、肉质细嫩、品质佳，商品性极好。

京茄21号：北京市农林科学院选育的茄子杂交品种。早熟，长势旺盛，分枝能力强，易坐果。果形顺直，长棒状，果实纵径25～35厘米，横径6厘米左右，单果质量300克左右。果皮深黑色，光滑油亮，光泽度佳。果柄及萼片鲜绿色。该品种耐低温和弱光照、抗逆性强、耐贮运，适合保护地长季节栽培。

海丰长茄3号：北京市海淀区植物组织培养技术实验室选育的茄子杂交品种。中早熟，株型直立，主茎第11叶左右着生门茄，植株生长势强。果实长棒形，果实纵径29.5厘米，横径5.5厘米。果皮紫黑色，有光泽，果形较直，平均单果质量270克。适宜北京、吉林、山东和广东等地区露地和大棚种植。

海丰长茄5号：北京市海淀区植物组织培养技术实验室选育的茄子杂交品种。平均始花节位在第9节，植株生长势强，株形开展，果实纵径30.5厘米，横径5.2厘米，单果质量256.5克。果皮紫黑色，有光泽，耐贮运。果实维生素C含量0.03毫克/克，干物质含量6.91%，蛋白质含量0.958%，可溶性糖含量3.56%。适宜北京、河北、山东和广东等地区露地和大棚栽培。

苏崎3号：江苏省农业科学院蔬菜研究所选育的茄子杂交品种。极早熟，耐低温和弱光照，耐热。植株生长势较强，株形较直立，连续结果性好。果实平均长度30厘米，粗5厘米左右，单果质量200克左右。果皮黑紫色，着色均匀，光泽度强，耐老，耐贮运。适合全国各地早春和秋延后保护地栽培。

苏崎4号：江苏省农业科学院蔬菜研究所选育的茄子杂交品种。早熟，耐低温和弱光照，耐热。植株生长势较强，株形较直立，连续结果性好。果实纵径32厘米，横径4.5厘米左右，单果质量200克左右。果皮黑紫色，着色均匀，光泽度强，耐老，耐贮运。适合全国各地早春和秋延后保护地栽培。

苏茄5号：江苏省农业科学院蔬菜研究所选育的紫长茄杂交品种。早熟，始花节位在第8～9节，生长势较强。果实长棒形，果实顺直，平均长度30厘米，果实横径5厘米左右，单果质量300克左右。果皮黑紫色、着色均匀、光泽度好。果肉紧实，耐贮运，食用品质佳。适宜长江流域地区早春和秋延后设施栽培。

苏茄6号：江苏省农业科学院蔬菜研究所选育的杂交品种。果实长棒形，头尾匀称，果实纵径35～40厘米，横径4～5厘米。果皮黑紫色，光泽度好。果肉细嫩，口感佳，较耐贮运，抗逆性强。适宜长江流域地区早春和秋延后设施栽培。

沪茄5号：上海市农业科学院园艺研究所选育的杂交品种。早熟，植株生长势强。果实细长条形，果皮紫黑色，果实纵径35～40厘米，横径3厘米左右，单果质量100克左右，光泽强，品质优良，产量高。适合华东地区和华中地区等全国长条茄栽培区种植。

沪黑6号：上海市农业科学院园艺研究所选育的杂交品种。植株生长势旺盛，果实长棒形，平均长32.4厘米，平均横径6.0厘米，平均单果质量320克。果皮紫黑色，果面光滑，光泽度强，萼片绿色。果实商品性佳，耐运输。适宜于华东、华中、东北、西南地区等长茄栽培区种植。

迎春1号：武汉市蔬菜科学研究所选育的杂交品种。该品种早熟，植株生长势及分枝性中等，开展度较大。门茄节位在第7～8节，多为2～3朵花簇生花序，少数为单生。果长条形，果顶部钝尖，果柄和萼片均为紫色，有光泽。果皮黑紫色，有光泽，平均果实纵径33.2厘米，横径3.5厘米，单果质量150克。

鄂茄4号：武汉市蔬菜科学研究所选育的杂交品种。果实长条形，果皮黑紫色，有光泽，果肉白绿色，肉质柔嫩，果实纵径34.6厘米，横径3.7厘米，单果质量170克，干物质含量8.45%，可溶性糖含量2.67%，蛋白质含量1.05%。耐低温和抗倒伏能力强，适合湖北、江苏、安徽及气候条件类似的地区春季露地栽培。

渝早茄4号：重庆市农业科学院选育的紫黑茄品种。早熟，植株生长势强。果皮黑紫色，光泽度好。果形长棒状，平均长度30厘米，果实横径5厘米左右。早期产量高，适于保护地或露地早熟栽培。

渝茄5号：重庆市农业科学院选育的紫黑茄品种。中晚熟，植株生长势强。果皮黑紫色，光泽度好。果实长棒形，平均长度36厘米，果实横径5.8厘米左右，平均单果质量290克，品质好。

渝茄7号：重庆市农业科学院选育的紫黑茄品种。中晚熟，植株生长势强。果皮黑紫色，光泽度好。果实长棒形，果尾突出，果实纵径33～35厘米，果实横径7～8厘米，采收期较长。

蓉杂茄3号：成都市第一农业科学研究所选育的杂交品种。该品种极早熟，株型直立，生长势强，果实棒状，纵径25厘米左右，横径6.0厘米左右。果皮紫色，果肉细嫩，单果质量240克左右。抗病、抗逆性好，单株结果多。

蓉杂茄5号：成都市第一农业科学研究所选育的杂交品种。株型直立，生长势强。果实棒状，纵径24厘米左右，横径5.0厘米左右。果皮紫色。单果质量300克左右。极早熟，从定植到始收43天左右，田间表现抗病、抗逆性好，单株结果多，果肉细嫩，商品性好。

蓉杂茄8号：成都市第一农业科学研究所选育的杂交品种。早中熟，果实长棒状，平均果实纵径36厘米，横径5.9厘米，单果质量338克。果皮紫黑色，光亮，商品性好，耐病性强。

长野黑美：济南茄果种业发展有限公司选育的紫黑茄品种。植株生长势强，始花节位在第6～7节。果皮黑紫色，光泽度好。果实长棒形，果实纵径35～40厘米，横径5～8厘米，单果质量350克左右，口感佳。采收期长，高抗茄子黄萎病、绵疫病等，适合黔北地区露地栽培。

辽茄13：辽宁省农业科学院蔬菜研究所育成的紫萼紫长茄杂交种。该植株生长势强，株型紧凑。果实长棒形，平均单果质量159.4克，商品性好，果皮紫黑色，光泽强。田间表现抗褐纹病。

真糯烧烤茄：四川种都高科种业有限公司选育的紫黑茄品种。早熟，植株生长势强，门茄节位在第9～10节，花穗间隔2～3节。连续坐果能力强，果实短粗棒状，果形较均匀，尾部略尖，果皮光滑，紫黑油亮，果实纵径28～30厘米，横径7～8厘米，单果质量400克左右。适合烧烤，口感糯甜。

万吨长茄：四川种都高科种业有限公司选育的紫黑茄品种。早熟，生长势强，抗病性强。果实上市集中，连续结果力强，果实长圆柱形，坐果率高。果长35～40厘米，果皮紫黑色，光泽度好，单果质量最高可达500克，皮薄、果肉酥松、味甘、细嫩。

宝丽娇：四川种都高科种业有限公司选育的紫黑茄品种。早中熟，抗病，生长势强，连续坐果能力强，紫黑棒茄，上下果实均匀一致，纵径28～30厘米，横径6.5～7.0厘米，单果质量350～400克，尾部略尖，果皮紫黑亮泽，熟果不易褪色，采摘期长，适宜春秋保护地及露地栽培。

哈茄V8：哈尔滨市农业科学院育成的紫长茄杂交种。植株长势强，株型紧凑，抗倒伏能力强，适宜密植。果实长棒形，纵径28厘米，横径4.6厘米，果皮紫黑色，有光泽。果肉绿白色，籽少。单果质量160～180克。中抗黄萎病，适合在黑龙江省露地种植。

东茄1号：哈尔滨市农业科学院育成的紫长茄杂交种。果实长棒形，纵径25.0～30.0厘米，横径4.6～5.0厘米，平均单果质量180克左右。株形紧凑，抗倒伏，适宜密植。适宜春季露地覆盖地膜栽培。

16 主要的紫红长茄品种有哪些？

紫红色长棒形茄子生产和消费区域主要在湖北、湖南、江西、广东、广西、云南及海南等地，紫红色长条形茄子生产和消费区域主要在福建、浙江、江苏、安徽等地，不同地区果皮颜色、果实长度和粗度存在明显差异（图4-7、图4-8和图4-9）。主要品种如下：

图4-7　紫红棒茄

图4-8　紫红长棒茄

图4-9　紫红长条茄

引茄1号：浙江省农业科学院蔬菜研究所育成的茄子杂交种。植株生长势强，早熟，始花节位在第9～10节。果皮紫红色，光泽好。果实纵径35～40厘米，横径2.2～2.6厘米，单果质量60～70克。丰产性好，采收期长，中抗青枯病、抗绵疫病和黄萎病。适宜喜食紫红长茄的地区早春保护地和露地栽培。

浙茄8号：浙江省农业科学院蔬菜研究所育成的茄子杂交种。早熟，生长势较强，始花节位在第8～9节，单株结果数25个左右，果实长条形，尾部较尖，果皮紫红色，果面光滑、具光泽，果实纵径34厘米左右，横径2.5厘米左右，平均单果质量100克左右，商品性好。

浙茄10号：浙江省农业科学院蔬菜研究所育成的茄子杂交种。植株生长势强，早熟，始花节位在第9～10节。果皮紫红色，光泽好。果实平均长度33.7厘米，果实横径2.5厘米左右，平均单果质量103.7克。耐热性强，中抗黄萎病和青枯病。

杭茄1号：杭州市农业科学研究院蔬菜研究所选育的茄子杂交种。果皮紫红色，果实纵径30～40厘米，横径2.2～2.4厘米，单果质量60克左右。耐低温性好，较抗枯萎病，青枯病等。

杭茄2010：杭州市农业科学研究院育成的茄子杂交品种。植株生长势较强，株形直立紧凑，始花节位在第8～9节，熟性与杭茄1号相当，耐低温性好；平均株高约80厘米，果实纵径30～35厘米，横径2.2～2.4厘米，单果质量80克左右。果形长直，果面光滑，果色紫红亮丽，果肉嫩糯，商品果率高。产量高，抗性较强，栽培容易，在夏季连续结果性好。

京茄32号：北京市农林科学院蔬菜研究中心选育的茄子杂交品种。中早熟杂交一代，植株长势强，直立性好，连续坐果能力强，果形顺直，细长，果实纵径50厘米左右，横径3厘米左右，果皮亮紫红色，产量高，抗病性强，可在我国南方、北方种植。

农夫长茄：广东省农业科学院育成的茄子杂交品种。果皮紫红色，光泽度好。果肉白色，果实纵径28.2～29厘米，横径5.08～5.21厘米，单果质量260克左右。中抗青枯病，耐热性、耐寒性和耐涝性强。

农夫2号：广东省农业科学院育成的茄子杂交品种。植株生长势强，果皮紫红色，光泽度好。果实纵径28.7～29.2厘米，横径5.02～5.12厘米，单果质量260克左右。中抗青枯病，耐热性、耐寒性、耐涝性和耐旱性较强，适合华南地区露地栽培。

农夫3号：广东省农业科学院育成的茄子杂交品种。果实长筒形，底圆，萼片紫色，果皮深紫红色，果面平滑有光泽，果肉白色，品质优良。单果质量262.7～267.7克，果实纵径29.6厘米，横径5.01～5.05厘米。中抗青枯病。适合华南地区春季和秋季露地栽培。

庆丰紫红茄：广东省农业科学院育成的茄子杂交品种。长棒形，果皮紫红色，光泽度好，果肉白色。果实纵径25.5～27.7厘米，横径5.22厘米左右，单果质量260克左右。中抗青枯病，耐热性、耐涝性和耐旱性较强。

紫荣7号：广州市农业科学研究院育成的茄子杂交品种。植株生长势强，连续坐果能力好，商品果率高。果长棒形，头尾匀称，尾部圆，果身微弯。果皮紫红色，果面平滑，着色均匀，有光泽。果上萼片呈紫绿色，果肉白色，紧密。果长29.1～30.4厘米，果粗5.01～5.18厘米，单果质量244.9～288.5克。青枯病人工接种鉴定表现耐病；耐热性、耐寒性、耐涝性和耐旱性均表现强。

紫荣8号：广州市农业科学研究院育成的茄子杂交品种。植株生长势强，连续坐果能力好，商品果率高。果形长棒形，果皮平滑，紫红色，着色均匀，光泽好，果实纵径29.6～30.3厘米，横径约5.0厘米，单果质量284.9～286.1克。果肉白色，肉质紧实，品质优，耐贮运。中早熟，耐寒，适宜华南地区春秋种植。

天龙8号：广州亚蔬园艺种苗有限公司育成的茄子杂交品种。中晚熟，植株生长旺盛，耐热耐寒，适应性强。果实长棒形，盛收期果实纵径32～35厘米，横径4.5～5厘米，单果质量250～300克。果皮深紫色，亮丽，光泽好，鲜艳美观，高温期间，颜色不易褪色。果质细嫩，果肉硬，果型整齐度好，商品果率高，耐贮运。

瑞丰8号：广西壮族自治区农业科学院育成的茄子杂交品种。果实长棒形，首尾匀称。果皮深紫色且有光泽。果实纵径约32～40厘米，横径4～6厘米，单果质量300～420克，肉质柔软嫩白，品质优良，商品性佳。植株生长旺盛，抗病性及耐热性强，适应性广，采收期长。

闽茄6号：福州市蔬菜科学研究所育成的茄子杂交品种。中早熟，植株生长势强。果实长条形，顺直，纵径平均35厘米，横径4厘米。果皮紫红色，亮丽，萼片紫绿色，果肉绿白色，平均单果质量210克。连续坐果能力强，适宜福建省设施栽培。

赣茄1号：江西省农业科学院育成的茄子杂交品种。植株生长势强，始花节位在第11～12节。果实长棒形，纵径26.0～32.0厘米，横径4.0～5.0厘米，单果质量200～250克。果实紫红色，果面平滑，着色均匀，有光泽。果肉白色，肉质紧密度好，品质优，商品性佳。早熟，抗病性强，产量高。适合长江流域栽培。

赣茄2号：江西省农业科学院育成的茄子杂交品种。植株生长势强，始花节位在第10～11节。果实长棒形，纵径24.0～32.0厘米，横径4.8～5.5厘米，单果质量200～240克。果皮紫红色，果面平滑有光泽，果肉白色，肉质紧密度好，品质优，商品性佳。适合长江流域地区栽培。

国茄长虹：湖南省农业科学院育成的茄子杂交品种。中晚熟，植株生长势强，株形半开展。果实紫红、长棒形，光泽好。果形较直，商品果纵径27～32厘米，横径4.8～5.8厘米，单果质量260克左右。果实商品性好。果肉白色，肉质细嫩，味甜。耐热性好，抗病性强，抗青枯病、黄萎病和绵疫病。宜作春季露地长季节栽培和秋茄栽培。

17 主要的绿茄品种有哪些？

绿色果皮品种的生产和消费区域主要在安徽、江苏、陕西、云南、海南等地，不同地区在果实形状上有一定差异（图4-10、图4-11和图4-12）。

图4-10　绿圆茄

图4-11　绿卵圆茄

图4-12　绿长茄

西安绿茄：西安地方品种，植株长势较强，始花节位在第7～8节。果实卵圆形，果皮油绿色，光泽好，果皮较厚，果肉白色，较紧密，耐运输。单果质量300～500克，丰产性较好。抗病性一般，较耐低温，是中早熟品种。我国北方保护地绿茄栽培区栽培较多。

绿罐2303：西安桑农种业有限公司选育的杂交品种。极早熟，植株生长势强，株型紧凑，耐低温，抗高温。果皮油绿色，单果质量700～1500克，商品性极佳。对早疫病、灰霉病、免疫病、菌核病和褐纹病抗性较强。

洛茄5号：河南省洛阳市农林科学院选育的杂交品种。果实长卵圆形，果皮绿色，果实纵径16.30厘米，横径11.92厘米，果面光滑，商品性状好。平均单果质量530克。适宜河南省早春拱棚和露地种植。

驻茄11号：河南省驻马店市农业科学院选育的杂交品种。植株生长势强，抗逆性强，果实卵圆形，纵径16.0厘米，横径11.5厘米，平均单果质量500克。果皮绿色，果面光滑，商品性好。适宜在河南省及周边地区春、秋设施和露地种植。

驻茄15号：河南省驻马店市农业科学院选育的杂交品种。植株生长势强，果实卵圆形，纵径15.0厘米左右，横径10.6厘米左右，平均单果质量520克。果皮绿色，光亮，肉质硬度中等，商品性好。田间对青枯病、绵疫病、黄萎病的抗性强于对照郑研早青茄，适宜河南省及周边省份春、秋设施及露地栽培。

香蕉绿茄：江苏省南通市地方特色茄子品种，是南通海门、启东地区主栽的绿茄品种。早熟，始花节位在第6～7节，果实长棒形，果皮绿色。果实纵径25～30厘米，横径5厘米左右，单果质量200克左右。抗倒性较强，耐低温，抗病毒病。适宜春、秋两季塑料大棚栽培。

苏茄7号：江苏省农业科学院蔬菜研究所选育的茄子杂交品种。中早熟，始花节位在第9～10节。生长势强。果实长卵圆形，平均纵径25厘米，横径8厘米，单果质量400克。商品果皮绿色，光泽度好。果肉紧实，耐贮运，食用品质佳。耐低温弱光能力强。适于作保护地和露地栽培。

苏茄8号：江苏省农业科学院蔬菜研究所选育的茄子杂交品种。中早熟，始花节位在第9～10节。生长势强。果实长棒形，平均纵径35厘米，横径5厘米，单果质量250克。商品果皮绿色，光泽度好。果肉紧实，耐贮运，食用品质佳。耐低温弱光能力强。适于作保护地和露地栽培。

绿玉1号：河南省农业科学院园艺研究所选育的茄子杂交品种。植株生长势强，早熟。果实长卵圆形，果皮绿白色，肉质洁白细腻，味甜，口感好，不褐变，商品性佳。平均单果质量440克，产量78.66吨/公顷。高抗黄萎病、枯萎病、绵疫病，耐低温弱光，适合春提早、秋延后设施栽培。

台湾绿长茄：自台湾引进品种。6～7叶着生门茄，果实长棒型，顺直有光泽，鲜绿色，果实纵径28～35厘米，横径5～7厘米，单果质量350～450克。肉质细嫩。早熟，耐寒耐热，长势强，抗病性好。适宜保护地及露地栽培。

18 主要的白茄和花茄品种有哪些？

白色果皮类型，果实形状有圆形和棒形（图4-13和图4-14），生产和消费区域主要在安徽、湖南、广东等地。

花色果皮类型，如图4-15所示，生产和消费区域主要在四川、云南等地。

图4-13　白长茄

图4-14　白卵圆茄

图4-15　竹丝茄

白玉白茄：广东省农业科学院蔬菜研究所选育的杂交品种，植株生长势强，株高约96厘米。早熟，果实长棒形，头尾均匀，尾部尖。果皮白色，光泽度好。果肉白色，紧实。果实纵径25.7～26.1厘米，横径4.11～4.30厘米。单果质量191.9～192.2克。

白玉2号：广东省农业科学院蔬菜研究所选育的杂交品种。果皮白色，光泽度好，果面平滑。果实平均纵径28.8厘米，横径5.4厘米左右，单果质量

296克左右。中抗青枯病，产量高，适合华南地区春季和秋季露地栽培。

象牙白茄2号：广州市农业科学研究院选育的杂交品种。早熟，果皮白色，有光泽。果实长棒状，果实平均纵径28厘米，横径4.0～4.5厘米。耐寒性、耐旱性强。

白茄2号：安徽省农业科学院园艺研究所选育的杂交品种。植株生长势强，早熟，果实粗棒形，果实纵径20厘米以上，横径5～6厘米，单果质量180克左右。果皮薄，白色，光滑，有光泽，果肉白色，肉质细糯，无粗纤维，口感佳。

白茄3号：安徽省农业科学院园艺研究所选育的杂交品种。株形直立，早熟，生长势强，果实棒状，平均纵径25厘米，横径6厘米，果皮、果肉均为白色，果肉细嫩，单株结果多，单果质量200～250克。

苏茄11号：江苏省农业科学院蔬菜研究所选育的茄子杂交品种。植株生长势强，中早熟。每花序可结果2～3个，果皮白色，光滑，光泽度强。果实棒形，粗细均匀，平均纵径30厘米，横径5厘米，单果质量200克。适于保护地和露地栽培。

苏茄12号：江苏省农业科学院蔬菜研究所选育的茄子杂交品种。植株生长势强，中早熟。果皮白色，光滑，光泽度强。果实短棒形，平均纵径25厘米，横径7厘米，单果质量340克。适于保护地和露地栽培。

苏茄13号：江苏省农业科学院蔬菜研究所选育的茄子杂交品种。植株生长势强，中早熟。果皮白色，光滑，光泽度强。果实长卵圆形，平均纵径20厘米，横径7厘米，单果质量340克。适于保护地和露地栽培。

松田白芙蓉：陕西松田生物科技有限公司与广东省农业科学院合作研发的杂交品种。植株生长势强。果皮白色。果实棒形，纵径30～35厘米，横径7厘米左右，单果质量400克左右。适于保护地和露地栽培。

长竹丝茄：四川种都高科种业有限公司选育的竹丝茄品种。早中熟，抗病性强，高产，经济效益佳。第一花序着生于第7～11节，花冠浅紫色，花萼浅绿带红色纵条纹。果实长棒性，果蒂部微弯。果实纵径可达40厘米以上，横径约6～7厘米，果色浅绿带紫红色细条纹。单果质量最高可达300克。

安吉拉：荷兰瑞克斯旺公司选育的品种。植株生长旺盛，开展度大，花萼小，叶片中等大小，丰产性好，采收期长，果实长灯泡形，横径6～9厘米，纵径22～25厘米，单果质量350～400克，果实带紫白相间条纹，绿萼，质地光滑油亮，果实整齐一致，果肉白，质地细嫩，味道鲜美。适合秋冬温室和早春保护地种植。

19 茄子品种选择有哪些原则？

茄子品种资源丰富，要根据生产地的自然条件、设施栽培方式、生产目的及消费习惯、因地制宜地选择合适的茄子品种。在选用茄子品种时可综合考虑以下原则：

（1）根据栽培方式选择品种。 近几年，我国设施茄子栽培发展迅速，各育种单位也选育出许多优良的设施专用茄子品种。因此选择茄子品种应与所选的设施栽培模式相适应。一些适合露地栽培的品种，可能在设施环境内植株生长过于旺盛，容易造成严重的落花落果现象，导致产量大幅下降；而一些适宜北方栽培的设施专用品种，在南方地区栽培，由于气候的差异以及设施环境的不同可能严重减产。因此，只有根据不同的栽培方式选择适宜的品种，才能获得高产高效。

（2）充分考虑当地的消费习惯。 茄子栽培和消费的区域性很强，选用适合销售地人们消费习惯的品种尤为重要。一般来说，华南地区主要以紫红长茄为主，华北地区则比较喜欢紫黑圆茄，长江流域以及东北大部分地区以生产紫黑长茄和紫红长茄为主，西北地区主要以绿茄和紫红茄为主。各地区都有混合栽培的情况出现，因此需要生产者在组织和安排茄子生产时，一定要对销售地商品需求进行充分的了解，然后选择相应的品种进行栽培。

（3）依据不同的栽培季节选择品种。 不同的栽培季节由于温、光、气等条件的不同，所选用的茄子品种也不尽相同。冬春温室栽培茄子主要供应大中城市，因此比较注重茄子的商品性，需要选用果实性状较佳的品种，而且受冬季自然条件的影响，要求茄子品种具有较强的耐弱光、耐低温、连续坐果率高等特点；早春设施栽培要求选用早熟、耐低温的品种；夏秋栽培应选择耐高温能力强、耐湿、抗病性强的中晚熟品种。

（4）根据当地病虫害危害特点选择品种。 茄子的病虫害较多，需要生产者充分注意生产地的病虫害特点，依据生产地的自然条件和栽培水平及栽培过程中经常发生的病害等情况，选用具有较强抗性的茄子品种。

（5）根据经济效益选择品种。设施栽培茄子投入的人力、物力比露地栽培要高，因此在决定种植前，应充分考虑其投资回报的多少，详细了解品种的相关信息，包括品种来源，品种的特征、特性，以及品种对种植条件、种植技术的要求等。选择适宜的品种，确定合理栽培的季节和模式，加上科学的管理才能获得较好的收益。

第五章 茄子育苗技术

穴盘育苗有哪些优点?

随着穴盘和基质的广泛应用，茄子传统的营养钵育苗等育苗方式已被穴盘育苗替代（图5-1），与传统育苗方式相比，穴盘育苗主要有以下优点：

（1）有利于苗期的管理。育苗的穴盘上穴与穴之间的连接紧密，达到了一个密度最大而又各自独立的生长空间，可防止小苗间的营养争夺，根系也可得到充分的发育（图5-2）。这种方式的育苗密度几乎是传统方式的几倍。密度的增加，有利于对环境的控制，对于某些阶段性的特殊要求，可以有针对性地、有重点地给予管理，这与传统的苗床育苗相比，有很大的优势。

图5-1　穴盘育苗

图5-2　穴盘苗根系

（2）穴盘苗移植简捷、方便。起苗时只需将小苗从穴盘上拔出定植即可，不损伤根系，定植后几乎没有缓苗期，小苗能很快适应新的环境，即使对于没有任何经验的农户，移栽穴盘也能取得成功。

（3）提高茄苗品质、成苗整齐。穴盘上的每个苗穴大小、深浅一致，每穴中基质的填装量也相同，小苗成活率相当高，大小也很整齐。这样有利于控制苗期，有利于培育茄子壮苗。

（4）减少病害的发生。由于穴盘的穴孔与穴孔之间完全隔离，小苗株与株之间不会传染病害。小苗生长发育良好，对定植后植株的抗病及抗逆性方面都有很大的影响，也比较容易进行无毒化处理，保证提供优质种苗。

（5）省工、省力，显著降低成本。育苗密度的增加，提高了设施的利用率，大大地节省了人力物力，提高了劳动效率，使用过的穴盘，经消毒后仍可多次重复利用，这就在很大程度上降低了育苗的运行成本。除此之外，穴盘苗还便于存放，如果措施得当，存放时间可延长。再加上轻型无土基质的采用，使得茄子商品苗的远程运输成为可能（图5–3）。

图5-3　穴盘苗运输

21 穴盘育苗如何选择穴盘?

穴盘的规格多样，不同规格的穴盘每穴的容积也不同，对茄苗生长的影响也不同。穴盘越小，穴盘苗对土壤中的湿度、养分、氧气、pH等的变化就越敏感。而穴孔越深，基质中的空气就越多，更有利于透气及淋洗盐分，更有利于根系的生长。基质至少要有5毫米的深度才会有重力作用，使基质中的水分渗下，空气进入穴孔越深，含氧量就越多。穴孔形状以四方倒梯形为宜，这样有利于引导根系向下伸展，较深的穴孔为基质的排水和透气提供了更有利的条件。

为了保证壮苗，可根据栽培季节和苗的大小选用穴盘。目前市场上的穴盘规格较多，常见的有288孔、128孔、72孔、50孔和48孔等规格，不同规格的穴盘，价格不同，育苗效果也有较大差异。在育苗过程中，应综合考虑育苗季节、定植苗大小和经济成本，合理选择穴盘规格。生产上一般用72孔和50孔穴盘进行育苗。嫁接育苗时，接穗可利用小孔径穴盘育苗，以提高空间利用率。

22 穴盘育苗如何选择基质?

合适的育苗基质对于培育高质量的茄苗具有关键作用。育苗基质的功能应与土壤相似，这样植株才能更好地适应环境，快速生长。目前市场上销售的商品基质很多，质量良莠不齐。在实际育苗中，既可以购买商品基质，也可以自行配制基质。在选配育苗基质时，应遵从以下3个标准：第一，要求育苗基质基本上不含活的病菌、虫卵，不含或尽量少含有害物质，以防止其随茄苗进入生长田后污染环境与食物链。第二，育苗基质应与土壤有相似的功能。从营养条件和生长环境方面来讲，基质比土壤更有利于植株生长，但它仍然需要有土壤的其他功能，如有利于根系缠绕（以便起坨）和较好的保水性等。第三，在配制育苗基质时，应注意把有机基质和无机基质科学合理地进行组配，更好地调节育苗基质的透气性、水分和营养状况。

23 育苗基质怎么进行消毒?

对育苗基质进行消毒处理，可减少茄子苗期的病害。常见的有以下几种方式：一是多菌灵消毒。每立方米基质加入多菌灵0.5千克充分混匀，用塑料薄膜覆盖2～3天，然后把薄膜揭掉，待药味挥发后使用。二是福尔马林（40%甲醛）消毒。可防治茄子的猝倒病和菌核病等病菌。播种前15～20天，将200～300毫升福尔马林加水25～30千克配制成的溶液均匀拌入基质中，盖上薄膜，堆闷2～3天，即可达到消毒的目的。然后揭去薄膜，待床土中的福尔马林气体散发尽后，即可用来播种育苗。可将基质弄松，以加快药物的散发，如果药味未散完，会使茄子发生药害，不能立即用来播种。三是高锰酸钾消毒。对茄子苗期的猝倒病和立枯病等较有效。在茄子播种前用500倍液浇灌育苗基质，浇透为止。四是物理消毒法。可采用高温水蒸气消毒和日光消毒等。这些消毒方法对人和茄苗等较为安全，对环境也无污染。由于受到一些条件的限制，在实际生产过程中运用较少。五是选用生产厂家已配好的育苗基质。购买生产厂家已配好的商品育苗基质，在拌料时只需将基质与广谱性杀菌剂（如多菌灵等）混合拌匀即可。

24 茄子种子为什么出苗不整齐？

在实际育苗中，经常会出现种子发芽不整齐和大小苗严重的现象，影响苗期的统一管理，其原因主要有以下4个方面：一是新采收的茄子种子有很长时间的休眠期，如在休眠期播种，就会发生发芽很慢且发芽不整齐的现象。二是种子种皮较厚，种子间成熟度有差异，吸收水分和发芽的速度也有差异。三是播种时播种深度和盖土厚度不一致，会出现出苗不整齐现象。四是育苗基质中水分不均匀，有些种子不能及时吸收足够水分，发芽时间延后。为了提高种子的萌发速度和整齐度，茄子种子在播种前都要进行适当的处理，常用的方法有赤霉素处理、温汤浸种、催芽等。

25 茄子种子如何进行赤霉素处理？

赤霉素处理是一种简单、高效的茄子种子处理方法，它不但可以打破种子休眠，还能提高发芽速度，保证出苗整齐。具体处理过程如下：市场上销售的赤霉素（商品名为920）1袋（1克）用适量酒精或白酒完全溶解，加水2千克混匀待用，如种子为新采收种子，则加水1千克。清水浸泡茄子种子2～3小时，搅动后将浮在水面上的瘪籽去除，再搓洗种子，去掉粘在种皮上的果肉、果皮等杂质。种子在赤霉素溶液中浸种12～24小时，捞出种子用清水充分冲洗3次以上，以去掉种子上残留的赤霉素，否则会引起高脚苗。处理后的种子进行催芽或稍干后进行播种。在25～30℃的温度下，5天左右，赤霉素处理的种子发芽率可达90%以上。

26 茄子种子播种前如何进行浸种催芽?

浸种催芽具有杀菌和缩短发芽时间的效果。浸种主要有3种方法，可根据实际情况合理使用。

（1）温汤浸种。促进水分吸收，提高发芽速度，而且能杀死附着在茄子种子表面和种子内部的病菌，起到消毒杀菌的作用。具体方法如下：将待播的种子装入纱布袋中，放入50～55℃温水中不断搅拌，并保持水温15～20分钟，转入30℃的温水中继续浸泡2小时，然后用手充分揉搓种子，并用清水清洗干净，去除种皮上的胶黏物质。再用25℃的水继续浸泡6小时。处理后的种子进行催芽或稍干后进行播种。

（2）间歇性浸种。使水分充分渗入种子内部，避免种子吸水过度而影响透气性，能够充分保证种子在发芽过程中对氧气的需求，促进茄子提早发芽，并可缩短催芽时间。具体方法如下：先将种子浸泡8小时，充分揉搓种子，然后从水中取出种子袋，摊晒4～8小时，再浸泡8小时，充分揉搓种子，再次摊晒4～8小时，直到手摸不黏为准。处理后的种子进行催芽或稍干后进行播种。

（3）药剂浸种。消毒杀功效果要好于温汤浸种，但是药液浸种的浓度和时间必须严格把握，避免产生药害。常用的药剂如下：50%多菌灵可湿性粉剂1000倍液浸种20分钟、福尔马林100倍液浸种10分钟、10%磷酸三钠浸种20分钟、0.2%高锰酸钾溶液浸种10分钟。浸种完成后必须反复用清水将种子冲洗干净，处理后的种子进行催芽或稍干后进行播种。

（4）催芽。将已经浸种好的种子用干净的毛巾或湿纱布包好，放在适宜的温度条件下萌发。在有条件的地方最好放置在培养箱、催芽箱或特制的催芽器具中进行催芽。催芽时温度一般保持在30℃左右，并注意保持种子的湿度，一般每隔6小时需要将种子翻动1次，使种子内外受热均匀，同时补充水分。

待有70%～80%的种子露白后即可停止催芽，进行播种。

27 茄子发芽期对环境条件有什么要求？

（1）温度。茄子种子发芽需要较高的温度，适宜温度为25～30℃，最低不能低于11℃，最高不能超过40℃。生产上常采用变温处理（30℃保温16小时，20℃保温8小时），这样可起到促进种子发芽且发芽整齐的作用。

（2）光照。茄子在发芽期具有嫌光性的特点，在暗处发芽快，在明处发芽慢。

（3）水分。茄子的发芽期需要充足的水分。在播种前，一般先进行浸种，吸足水分后再催芽。在茄子播种前一天需在育苗盘内先浇足底水，用以供给种子发芽出苗时所需的水分。

28 茄子苗期对环境条件有什么要求？

（1）温度。茄子苗期生长适宜的温度为22～30℃（白天27～28℃，夜间18～20℃），能正常生长的最高温度为32～33℃，最低温度为15～16℃。超过此范围，则不利于茄子的生长发育。茄子苗期的耐低温能力较强，但温度低于15℃时，幼苗生长缓慢；低于10℃则停止生长；低于8℃且持续时间较长时，幼苗容易发生冷害，植株表现为瘦弱，叶色暗淡等，严重时会造成茎叶受害。温度达到35～40℃时，幼苗生长快，容易徒长形成“高脚苗”，同时易造成花芽发育畸形或增加短柱花的比例。

（2）光照。茄子生长的光饱和点为40000勒克斯，补偿点为2000勒克斯。光照充足，则植株光合合成量增加，光合产物的积累增多，花芽分化提早，落花率降低，结果数和果重也增加。在苗期，茄子的生长发育不仅受光照强度的影响，还受日照时间的影响。日照时间越长，植株生长发育越好，花芽分化也越早，着生节位越低；反之，日照时间越短，植株生长发育越慢，花芽分化也延迟，着生节位也随之升高。

（3）水分。在茄子幼苗初期，要求基质湿润、空气相对干燥的条件，空气的相对湿度一般为70%～80%，以使幼苗生长健壮，花芽分化顺利，同时防止苗期病害的发生。在幼苗生长的中后期，需适当控水，否则水分过多会引起幼苗徒长，根系分布浅，但是水分控制不能过严，否则会使幼苗正常生长受到限制，而且会使组织木栓化或成为老苗。定植后到开花结果前，要控水蹲苗，一般不干旱不浇水，促进根系纵深扩展。

（4）肥料。茄子幼苗在生长初期，根系弱，对土壤营养元素的含量要求较高，但对溶液比较敏感，因此，无机肥的施用量要少。由于大多在土壤中已经施入足量的基肥，在幼苗期，一般不再追肥。如果苗期出现叶片发黄、叶小等生长不良的症状，则适当追施少量速效肥料。

29 茄子出苗期容易出现什么问题？

出苗期指茄子幼苗出土到子叶展开、真叶露心的阶段。如果保持合适的温度，一般在播种后6～10天即可全部出苗。如果环境条件不合适或者管理不当，则会出现茄子不出苗、出苗不一致、种壳“戴帽”、畸形苗甚至病死苗等现象。出苗期常见的问题有以下几点：

（1）出苗率低。种子质量差、温度太高或者太低、湿度不适宜、覆土过深等均有可能造成出苗迟或者不出苗。解决不出苗的关键是要找出具体原因，针对具体情况采取相应措施。如果所播种子已经烂掉，应及时补播。

（2）出苗不一致。造成出苗时间不一致、不整齐的主要原因：一是茄子种子质量差，成熟度不一致，一些不饱满的种子发芽势低，出苗缓慢，或者在种子储藏过程中受潮，削弱了种子的发芽和出苗的能力。二是购买的种子新、陈混合，新种子发芽势强，出苗快，但陈种子出苗相对较差。三是种子在催芽过程中，温度、湿度的不均匀导致各粒种子的发芽时间不一致，其中出苗期相差可达10天。四是播种的深浅不一，覆土厚度不一。播种浅的种子往往先出苗，播种深的种子则出苗较晚，播种深浅差异越大，种子的出苗时间差异也越大。

（3）幼苗“戴帽”出土。“戴帽苗”是指种子出苗时没有将种壳留在土中，种壳夹着子叶一起出土，戴帽苗的子叶不能正常伸展，会影响幼苗早期的生长。茄子幼苗“戴帽”出土主要有3个原因：一是种子的成熟度不够，导致生命力过低，幼苗出土时无力脱壳。二是覆土太薄导致压力太小。三是播种密度过大，导致覆土的压力不足，整个表层土都被幼苗顶起。种子在顶土出苗时，如果发现茄苗带壳，要及时覆盖一层细土或人工去壳。

（4）“高脚苗”。由于采用保护设施进行育苗，如果温度过高、土壤湿度过高或者光照不足，则容易出现“高脚苗”，影响茄苗的抗病力，从而影响后期的生长。应根据育苗季节控制浇水量，避免浇水后育苗设施里长时间维持较高的土壤湿度；在保证育苗设施内温度的情况下，尽量保证充足的光照；如果是由于土壤湿度和温度偏高引起的茄苗徒长，可采取适当通风降温、降湿，改善育苗设施内环境。如果是茄苗播种的密度过大，幼苗拥挤引起的徒长，则应采取间苗，加强光照。追施叶面肥，可适当在茄子幼苗的叶面喷洒0.1%的磷酸二氢钾，促进幼苗转壮。

30 低温季节育苗要注意哪些问题？

低温寡日照是冬春季育苗的主要障碍，不但幼苗生长缓慢，易形成僵苗，而且易发生各种病害，严重时会造成大面积死亡，在实际育苗中应注意以下问题，以减轻不利天气带来的影响。

（1）加强保温。确保设施内气温和地温稳定。通常，白天设施内温度应控制在25～30℃，夜间温度控制在15～20℃。利用电热线加温育苗来保证适宜的土壤温度，通过增加覆盖物来提高保温效果。有条件的地方可在育苗棚室内建设加温炉，可提高育苗效果，并有效抵消极端低温天气的影响。

（2）降低湿度。低温季节育苗，茄子一定要注意浇小水。浇水量过大，容易引起地温下降。浇水时间一般选择在上午10：00以前进行。晴天适当通大风降低棚内湿度，棚内雾气大时，应及时通风。通常情况下，育苗前要一次性浇足水，到幼苗出土子叶展开期间尽量不浇水，子叶出土后可根据具体情况进行浇水，做到“宁干勿湿”。

（3）增加光照。在保证温度的前提下，覆盖物应早揭晚盖，让植株尽可能多地接收光照。连续阴雨天气可安装太阳灯，既补充光照，也能适当提高气温。如遇阴雪天气，雪后要立即清扫设施上的雪，使幼苗尽可能接受散射光。

（4）喷施叶面肥。冬春季节苗期较长，茄子幼苗容易出现叶片发黄的现象，光合作用下降，植株生长缓慢，可适当喷施全营养型的叶面肥以缓解症状。

31 高温季节育苗要注意哪些问题？

高温强日照是夏秋育苗的主要障碍，幼苗容易徒长，形成“高脚苗”、弱苗，定植后缓苗慢。高温还会影响花芽分化，增加畸形果的发生比例。此外，高温季节也是虫害易发期，在实际育苗中应注意以下问题，以减轻不利天气带来的影响。

（1）合理遮阴降温。高温季节育苗，可将遮阳网直接覆盖在设施表面，白天加强通风。在阴天和光照不强的早晚，去掉遮阳网，保证幼苗充足的光照。

（2）及时防治虫害。夏季高温育苗时，容易出现蚜虫、小菜蛾、粉虱等害虫发生严重的现象，育苗时应积极采取预防措施，包括防虫网室内育苗及早施药等，降低虫害发生的概率。

（3）合理控制苗长势。高温季节育苗，茄苗容易发生徒长，俗称“高脚苗”。应通过合理浇水来控制长势。如果发现幼苗徒长，可用0.3%的矮壮素溶液喷洒幼苗。如果幼苗发黄、弱小，可用0.5%尿素和0.5%磷酸二氢钾混合液对幼苗进行叶面追肥，促进幼苗健壮生长，提高抗病能力。

32 茄子嫁接育苗有什么优点？

茄子不能连作，连作很容易发生土传病害和生理病害，使土壤环境变劣，产量下降。茄子的黄萎病、青枯病、枯萎病和根结线虫病等都是土传病害，发病后易传染。传统的防治方法通常采用轮作、土壤消毒、药剂灌根等。茄子嫁接育苗不仅能够避免连作带来的土传病害，增加茄子的抗病能力，而且由于砧木的根系发达，吸水吸肥能力强，可有效提高土壤水肥的利用率，增强茄子的抗逆性。植株生长旺盛，不易徒长和死棵，茄子采收期延长。

33 茄子嫁接砧木如何选择?

目前茄子嫁接的砧木主要有3个:

(1)托鲁巴姆。原产于北美洲的波多黎各(美),属于野生茄类型。该砧木的主要优点是同时对茄子黄萎病、枯萎病、青枯病和根结线虫病4种土传病害达到高抗或免疫程度。托鲁巴姆植株生长势极强,根系发达,吸水吸肥能力强。该砧木与茄子接穗的亲和性较强,嫁接后除具有极强的抗病能力,还具有耐高温和耐寒能力,接穗果实品质得到提高,有效增加茄子产量。但托鲁巴姆的种子具有极强的休眠性,发芽期较长,嫁接苗初期的生长较缓慢,结果较晚,因此嫁接时需要比接穗提早25～30天播种。该品种目前在生产上使用最多。

(2)赤茄。从日本引进,又称红茄、平茄,是应用比较早的砧木品种。赤茄根系发达,抗茄子根腐病、青枯病和根结线虫病,耐低温性较好。嫁接亲和力强,成活率高,果实品质优良,前期产量和总产量均较高。嫁接时比接穗提前7天左右播种。

(3)野生刺茄。高抗茄子枯萎病和黄萎病,植株生长旺盛,根系发达,耐涝耐旱。嫁接成活率高,果实品质好,总产量高。嫁接时比接穗提前20天左右播种。

选择优良的砧木品种有以下几个原则:

(1)抗性强。要求所用的砧木品种自身抗病抗逆能力强,对茄子一些常见土传病害,如黄萎病、枯萎病、青枯病、根腐病、根结线虫病应达到高抗或高耐,而且遗传稳定,不会因为栽培环境的变化而导致抗性丧失。

(2)不改变茄子品种的商品性。要求砧木对接穗果实无不良影响,不改变果实的颜色、果型以及风味等,不出现畸形果。

(3)与接穗的亲和力强。砧木对接穗要有较强的亲和力,以使接穗不发生黄萎、脱落和死亡,确保接穗在不良环境中能正常生长。一般要求嫁接苗成活率不低于85%,并且定植后生长稳定,不出现大面积死苗现象。

 茄子有哪些嫁接方法?

茄子常用的嫁接方法有劈接法、靠接法、插接法和套管嫁接等。

(1)劈接法。劈接法是先将砧木去掉心叶和生长点，而后用刀片由苗茎的顶端把苗茎劈出一个切口，再将接穗切除上部后削成楔形，使接穗切口与砧木切口相适，把削好的茄苗接穗插入并固定形成嫁接苗。如果茄苗与砧木苗的茎粗差异较小，嫁接时要把砧木的整个苗茎劈开，以使茄苗和砧木苗充分贴合；如果茄苗与砧木苗的茎粗相差较大，可把砧木的苗茎劈开一部分，将茄苗与砧木苗茎的一侧形成层对齐即可。通常砧木长到5～7片真叶，接穗长到4～6片真叶，茎粗3～5毫米时开始嫁接。砧木在第3片真叶上部切断，留2片真叶，在砧木茎中间垂直切入1厘米深，接穗在半木质化处平切，保留2叶1心，削成楔形，大小与砧木切口相当，斜度30°左右，将接穗插入砧木的切口中，紧密贴合，最后用专用的嫁接夹固定好。

(2)靠接法。靠接法是将茄子幼苗与砧木的苗茎靠在一起，两株苗通过苗茎上的切口相吻合而形成一株嫁接苗的嫁接方法。该方法属于带根嫁接，嫁接苗不宜失水萎蔫，需要对外界环境变化的反应不敏感，容易成活；而且砧木的嫁接部位要较粗，比较容易进行结合操作。通常在砧木长到5～6片真叶，接穗有2～3片真叶时进行，选择两株粗细相近的幼苗，在砧木基部留1～2片真叶，将其上部茎切断，从切口茎中央向下切开1厘米左右的口，并削好接穗的楔子，砧木切口，使其吻合，并专用的嫁接夹固定好。

(3)插接法。是用竹签或金属签在砧木苗茎的顶端或上部插孔，把削好的茄子茎插于孔内而组成一株嫁接苗的嫁接方法。该嫁接方法的操作工序少，简单省事。嫁接前先将茄子砧木与接穗连根挖起，尽量多带一些土，避免茄子干燥失水。通常，把砧木1片真叶以上的部位水平剪断，在剪口部位用细竹签(竹签粗细应与接穗茎粗细相仿)插一个3毫米深略有倾斜的小孔，接穗小苗用刀片切去根系，再将小苗子叶下部削成2.5毫米长的楔形切口，把接穗插入砧木的小孔中固定。

(4)套管嫁接。该方法简单、快捷。套管能较好地保持接口周围的水分，而且能阻止病原菌的侵入，有利于伤口愈合，提高嫁接苗的成活率。通常是在砧木茎基部上方3～5厘米处沿45度角向上斜切一刀，去掉砧木的茎尖，保留1～2片真叶；接穗沿30～45度角向根部方向斜切一刀，去掉根部，保留1～2片真叶。根据砧木的茎粗，选择内径不同的套管，将套管一半长度套入削好的砧木切面，然后将接穗的切面对应插入套管中，使砧木和接穗的切面吻合。

在实际操作时，应根据实际情况合理选择。

（1）根据茄子幼苗的大小，选择不同的嫁接方法。如果茄苗过大，可选择劈接法或靠接法等，不宜选用插接法，而利用小苗嫁接就可选用插接法。

（2）根据育苗目的选择。如果以防病为目的，应选择防病效果比较好的劈接法、插接法等进行嫁接。

（3）根据育苗季节选择。夏季育苗，苗床温度较高，嫁接苗一般成活率偏低，这时就应选用成活率相对比较高的靠接法，低温期育苗，尽可能选择劈接法和插接法，以提高嫁接苗的壮苗率。

（4）根据育苗条件选择。育苗条件好的地方，优先选择有利于培育壮苗的插接法；育苗条件较差的地方，应选用劈接法和靠接法。

35 如何进行茄子嫁接苗的苗期管理？

茄子嫁接苗成活率的高低除了与嫁接质量有关外，还与嫁接后的管理有密切的关系。嫁接苗管理要注意以下几点：

（1）温度。嫁接苗接口愈合期白天温度控制在28℃左右，夜间温度控制在20℃。上午10：00到下午16：00避免阳光直射。如果此阶段温度长时间偏低，砧木和接穗的结合较慢，嫁接苗的成活率低；如果温度过高，茄子嫁接苗的失水加快，容易发生萎蔫。温度高时可采用遮光和换气相结合的办法调节，7天左右便可成活。

（2）湿度。嫁接苗嫁接愈合期的前3天，空气相对湿度要达到95%左右，3天后空气相对湿度保持在70%～80%，6天后空气相对湿度达到60%～65%。可采用在嫁接苗下浇水，用塑料膜密闭，人为地创造一个有利于保湿的环境。愈合期的前6～7天不通风，以后选温度、湿度较高的当日清晨或傍晚通风，每天通风1～2次。

（3）光照。嫁接完成后3天内对嫁接苗进行遮光，第4天早晚维持正常光照，在中午光照最强时进行遮光，并逐步增加光照，1周后无须采用遮光设施。

（4）去除砧木的侧芽。砧木在失去主茎顶端优势的抑制作用后，容易萌发侧芽，自身侧芽的发生容易造成养分的消耗，使砧木与接穗竞争营养，造成接穗营养供应不足。因此，在缓苗过程中要及时地去除砧木的侧芽，以保证接穗的生长。

（5）去除嫁接夹。嫁接苗上的嫁接夹不要过早去掉，在不影响苗茎正常生长的情况下，嫁接夹的保留时间越长越好，一般在定植成活后去除。

第六章
茄子定植技术

36 茄子栽培对土壤有什么要求?

茄子对土壤的适应性较强，在沙质土壤或黏质土壤中都能正常生长。通常，为了获得高产优质的茄子，生产上宜选择远离污染源、排灌条件良好、土层深厚、透气性好、有机质含量高、pH在6.8 ～ 7.3的土壤进行栽培。这样的土壤有利于茄子根系的发育，形成旺盛的根系群，从而促进茄子植株的生长发育。

37 茄子栽培如何进行土壤管理?

在茄子定植前的土壤管理主要包括以下工作：一是深翻土壤，采用冬冻和夏晒，逐渐加深耕层、熟化土壤，提高土壤的保水保肥能力。深翻改土通常应与施用有机肥配合进行。二是增施有机肥料，提高有机质含量。有机肥如饼肥、堆肥、厩肥和绿肥等，能改善土壤的结构，有利于土壤微生物的活动，增强土壤的保水保肥能力。三是与其他非茄科作物进行轮作，可减轻连作障碍的发生。四是调节土壤的酸碱度。南方地区土壤多数偏酸性，茄子地应多施有机肥，少施酸性化肥（如硫酸铵、过磷酸钙等），还应经常施些石灰。沿海的盐碱地则偏碱性，需要灌水洗碱，同时结合施用大量有机肥，尽量使土壤的pH保持在6.8 ～ 7.3。茄子定植前常常要对设施内土壤进行消毒。生产上常见的方法主要是高温闷棚和药剂消毒。

（1）高温闷棚。利用夏季设施内空闲时进行土壤消毒。首先是将土壤浇透水，地面覆盖地膜。然后关上风口，将设施密闭。密闭的时间最好在7个晴天以上，因为密闭后设施内地表土壤温度上升，起到杀死一般病虫的作用。

（2）药剂消毒。一般使用化学药剂喷洒和熏蒸消毒。常用的药剂有多菌灵和百菌清等。熏蒸消毒是在定植前按照设施的大小，每亩*用硫黄粉0.5千克，锯末1千克，点燃并将设施密闭熏蒸至少24小时。

38 茄子如何整地作畦？

在定植前至少20天对前茬作物拉秧倒茬，并及时清理田间杂物，深耕翻地，深施基肥，并喷施农药进行高温闷棚消毒。深翻后，耙平土壤，然后开沟做畦或垄，畦（垄）高15厘米左右，畦（垄）宽根据具体情况而定，一般1～1.2米。在畦面中央划出3～5厘米的浅沟，将滴灌带滴孔朝上铺在浅沟内，远水端固定在畦上，近水端与主管相连。然后再铺设地膜，先用土固定住膜的两端，接着固定畦面两侧，确保畦面薄膜平整，紧贴畦面（图6–1、图6–2、图6–3）。

图6–1　整地作畦

图6–2　铺滴灌带

图6–3　定植后的效果

39 茄子如何进行定植？

（1）定植时间。日光温室和塑料大棚早熟栽培的定植期主要根据苗龄的

* 亩为非法定计量单位，1亩=1/15公顷。——编者注

大小和天气状况来确定。一般定植的茄苗具有8～10片真叶，株高25～30厘米，茎粗0.3厘米。设施内10厘米处土壤温度稳定在12℃以上时定植。定植时间一般选择在晴天的上午9：00至下午15：00前完成。不要在阴天定植，以防止定植后地温长时间偏低，推迟茄子缓苗，甚至引起烂根。夏秋季节茄子栽培，定植时一般选择在阴凉天气的下午或晴天的傍晚进行，防止高温、强光等造成茄苗萎蔫，定植后可用遮阳网等覆盖。

（2）定植密度。定植密度与果实产量、质量和经济效益紧密相关。确定合理的定植密度，要综合考虑栽培季节、品种特征特性（果实形状、熟性、植株开展度等）、植株调整方式（整枝方式、吊蔓、搭架）等因素。

茄子产量是由每亩株数、单株结果数和单果重3个因素决定。圆茄类品种单果重量大，单株结果数少，产量主要来自四门斗及以下的果实上市，栽培密度相对小些；长茄类品种单果重量小，单株结果数多，产量主要靠四门斗以上的果实，栽培密度相对大些。

春提早栽培的关键是提高早期产量，而提高早期产量的关键是增加种植密度，增加早期上市果实的数量。定植密度需根据茄子品种的特征特性及整枝方式来确定。适当密植，在一定程度上可以达到增产效果，但过密则适得其反。早熟品种一般采用双秆整枝的，可适当加密，每亩可种植2500～3000株；如果选用中熟品种，密度一般在2000～2500株。

露地茄子多利用中晚熟品种，采取四秆或三秆整枝，定植的密度可适当减小，一般每亩栽苗1800株左右。大棚秋延后栽培采收时间短，每株采收的茄子少，可适当密植，多采取双秆整枝，每亩栽2200～2500株。日光温室内秋冬茬、越冬茬和冬春茬生长季节较长，密度不宜过大，一般每亩栽1500～2000株。

（3）定植方法。早春栽培低温期育苗，需增强幼苗的耐低温能力。一般定植前一周对茄子幼苗进行降温控水，在幼苗不受冻的情况下，白天逐渐加大通风量，延长通风时间，加大昼夜温差，提高茄子幼苗的适应性和定植后幼苗的成活率。高温期炼苗，则需要增强幼苗耐高温、耐强光的能力。定植前一天浇水，定植时切坨起苗。定植时，北方常用暗水定植法，定植前先开一条定植沟，在沟内灌水，在水没有完全渗下时将茄子幼苗根据已确定的株行距放入沟内，等水渗下后覆土。南方则多采用先开穴再定植浇水的方法。先根据已确定的株行距，采用打孔器打孔或挖穴。将带土坨的幼苗放入定植穴内，并用少量土扶正幼苗。浇水后对幼苗进行覆土。

 定植后如何进行温湿度管理？

在冬春季，日光温室和塑料大棚早熟栽培定植后应保持设施内较高的温度。定植初期为了促苗发棵，应密闭保温，使棚内保持一个高温高湿的环境，促进缓苗。白天气温控制在30℃左右，空气相对湿度应在70%～80%。如果棚内温度过高，可以在中午的时候短时间放风。缓苗后，要适时通风，排湿降温，防止苗徒长，白天气温控制在25～30℃，超过30℃要放风，但放风时，要把握先小后大，逐渐增加通风量的原则。定植后要注意倒春寒的发生，室外温度过低时要注意棚内的保温，及时加盖草帘。

在保护地栽培中，特别是在特早熟栽培、秋延后栽培时，经常会遇冻害问题。茄子遭受冻害后。轻者造成不同程度减产，严重时植株全部冻死，导致绝收。一旦发生冻害后，上午要早放风、下午要晚放风，尽量加大通风量，以避免升温过快，使茄子植株受冻部位自然解冻，以减轻受冻害的程度。待温度回升后喷施氨基酸+芸苔素内酯+磷酸二氢钾，以增强抗寒性，促进恢复。

第七章 茄子肥料管理技术

 茄子整个生育期对肥料的需求有哪些特点？

茄子属于喜肥作物，生育期长，需肥量大，营养条件好时落花少，否则落花多产量低。营养不良会使短柱花增多，不利于授粉，因而也不易于坐果，而且花形小而色淡，花器发育不良。茄子对肥的需求随着生育期的增长而逐步增加，特别到结果盛期至结果后期，养分的吸收量约占整个生育期的90%以上，其中盛果期占2/3左右。每生产1000千克茄子，需吸收氮（N）2.5～3.5千克，磷（P_2O_5）0.6～1千克，钾（K_2O）4～5.6千克，钙（CaO）1.2千克和镁（MgO）0.5千克，其吸收量比例约为1：0.27：1.42：0.39：0.16，茄子喜中性至微酸性肥料，应重施基肥，适时追肥，喷施叶面肥。

茄子各生育期对养分的要求不同，生育初期的肥料主要是促进植株的营养生长，随着生育期的进展，养分向花和果实的输送量增加。茄子对氮的吸收量随着植株生长呈现直线增加趋势，特别是在生育盛期，充足的氮素供应能够保证叶面积，促进果实发育。磷主要影响茄子的花芽分化发育，如磷素摄入不足，则花芽发育迟缓，短柱花、畸形花增多。因此在生育前期要保证磷的供应，但进入果实膨大期和生育后期，应减少磷肥施用，防止磷肥过多导致果皮光泽缺失和硬化，影响商品性。钾对花芽发育的影响虽不密切，但缺钾或少钾，也会延迟花的形成，在进入结果期以前，吸收量与氮相似，至结果盛期，吸收量明显增多，如果供给不足，则会影响产量。

 茄子生产中常用肥料主要有哪些类型?

肥料是农作物的“粮食”，是重要的农业生产资料，在农业生产中有着非常重要的地位。通过肥料的施用能够增强作物抗性，减少病虫害发生，提高农产品品质。同时，合理施肥还能够补充土壤中的养分，保护耕地质量。目前，茄子生产中常用到的肥料类型主要有以下几种。

（1）有机肥。有机肥是主要来源于植物和动物，施于土壤以提供植物营养为其主要功能的含碳物料。经生物物质、动植物废弃物、植物残体加工而来，消除了其中的有毒有害物质，富含大量有益物质，包括：多种有机酸、肽类以及包括氮、磷、钾在内的丰富的营养元素。不仅能为农作物提供全面营养，而且肥效长，可增加和更新土壤有机质，促进微生物繁殖，改善土壤的理化性质和生物活性，是绿色食品生产的主要养分。茄子生产中常用的有机肥料主要有农家有机肥和商品有机肥两种类型。

① 农家有机肥主要指利用畜禽粪便或动植物残体为主要原料经过发酵、腐熟后加工而成的肥料。这种肥料富含大量的有机质，施入土壤后经过微生物分解、腐烂后释放出养分供作物吸收。农家有机肥养分全面，肥效持久，具有改良土壤环境等优点，且这种肥料在农村就地取材、就地积制、就地施用，降低农业生产成本，是目前较受农户喜欢的一种肥料。

② 商品有机肥是以动植物残体、畜禽粪便、城市垃圾和污泥等富含有机物质的资源为主要原料，进行高温发酵、腐熟、除臭等工厂化处理后生产出来的有机肥料。商品有机肥不仅无毒无臭，还可以添加微生物菌种或无机肥，称为高效、持久、抗病的新型微生物有机肥和有机无机复合肥。与传统农家肥相比，商品有机肥具有养分含量相对较高、质量稳定、施用方便等优点。

（2）无机化肥。无机化肥即通常所说的化学肥料（以下简称化肥），是指农作物生长发育必须的或对植物生长发育有益的元素，以矿物、水等为原料，经化学及机械加工等工艺制成的肥料。其种类较多，具有成分单纯、含有效成分高、易溶于水、分解快，易被作物根系吸收等特点，在茄子生产中发挥着不可替代的重要作用。化肥按照所需用量分为大量营养元素肥料、中量营养元素肥料和微量营养元素肥料。目前茄子种植过程中常用到的包括尿素、硫酸钾、过磷酸钙等化肥，化肥中养分含量高，肥效快，肥劲猛，但由于其不含有机质，过量使用后对土壤结构和酸碱性的破坏较大，施用方法不当，容易造成烧苗、贪青甚至萎蔫等症状。随着设施茄子的发展，在生产过程中化肥的使用量越来越少。

（3）复合肥料。复合肥料指同时含有两种或两种以上氮、磷、钾主要营养元素的化学肥料。按照制造方法可分为化学合成复合肥、混合复合肥和掺和复合肥3种类型，按照其形态可分为固体复合肥和液体复合肥两大类，按照其所含成分可分为二元复合肥、三元复合肥和多元复合肥。

（4）叶面肥。叶面肥是营养元素施用于农作物叶片表面，通过叶片的吸收而发挥其功能的一种肥料类型。由于叶面肥中的养分通过叶片进入植物体内的速度比根系吸收要快，常作为及时治疗植物缺素症和受损植物补救的主要措施。而且叶面肥针对性强，缺什么补什么，吸收与见效快，在调控茄子生长，改善果实品质，提高总体产量等方面的作用不可忽视。

（5）生物肥料。生物肥料也叫微生物肥料、菌肥、细菌肥料，是利用微生物对氮的固定、对土壤矿物质和有机质的分解，从而刺激作物根系生长，促进作物对土壤中各种养分的吸收。生物肥料能改良土壤，活化被土壤固定的营养元素，提高化肥利用率，为作物根际提供良好的生态环境，是绿色农业和有机农业的理想肥料。专用型复混肥料中添加的生物肥料有复合微生物肥料、磷细菌肥料、硅酸盐细菌肥料、生物有机肥料等。

43 茄子如何合理施用基肥？

（1）深施基肥。有机肥的肥效慢，其主要在茄子结果期供肥，而茄子根系分布较深，只有将肥深耕入土才能较好地发挥肥效。另外，有些农家有机肥并未完全发酵腐熟，深翻土壤避免了肥料与植物根系直接接触导致烧根现象。同时深翻土壤也有利于增加耕作层的深度，增加土壤对水肥的缓冲能力，提高茄子根系对水肥的利用率，为茄子的生长创造良好的土壤环境。

（2）均匀施肥。施基肥一般采用铺（撒）肥的方式将有机肥铺撒在土壤上，然后结合深耕，使土肥充分混匀。撒肥过程中一定保证每个地块施肥量均等，避免某地块肥料集中从而造成烧根现象的发生。

（3）注意防治害虫。农家有机粪肥中一般携带大量的根结线虫、蝇蛆等害虫，可利用堆肥在腐熟过程中产生的高温杀掉部分害虫和虫卵，也可在施肥前均匀喷施辛硫磷、甲基异柳磷等杀虫剂，并用塑料薄膜将肥堆盖严，从而达到杀虫的目的。

（4）根据土壤质地合理搭配基肥。在茄子种植中，土壤条件不同对基肥需求量也不一样。目前茄子栽培中区别较为明显的是沙土地与黏土地，前者保水保肥能力差，其肥力水平要低于黏土地。因此在施用基肥时要区别对待，沙性土地应该增施有机肥，有条件地区可增施土壤改良剂，以增强土壤的保水保肥能力。黏土地透气性差，团粒结构形成少，可通过秸秆还田、稻壳、鸡粪等措施加以改良。

44 茄子不同生长阶段如何进行施肥管理？

（1）苗期。茄子苗期对营养土、育苗基质的质量要求较高，只有在高质量的育苗基质或土壤中才能培育出根系发达、符合壮苗标准的茄苗。如果以苗床育苗，一般在10米^{2}的育苗床上施入腐熟过筛的有机肥200千克、过磷酸钙4～5千克、过硫酸钾1.5千克，将苗床土与各种肥料充分混匀后铺平备用。采用穴盘育苗，基质可采用自行配制或直接购买商用基质。一般基质采用草炭、蛭石（2∶1）或草炭、蛭石、珍珠岩（3∶1∶1）按比例进行配制，然后每立方米基质加入三元复合肥2.5千克，或加入1.2千克尿素和1.2千克磷酸二氢钾，混拌均匀后备用。冬春季育苗在茄苗3叶1心时，根据苗叶片生长状态结合喷水进行1～2次叶面喷肥。

（2）定植到开花期。茄子定植后，从缓苗到开花期，主要以营养生长为主，促进茄苗生长健壮，为之后的坐果打好基础，该阶段一般不需要进行追肥。随着门茄开花，应适当控制水肥管理，促进植株坐果。如果控制不好水肥，容易导致生殖生长和营养生长失衡，出现植株徒长、开花节位过高、落花落果现象发生。一般在底肥施足的前提下，该阶段可以不用追肥。

（3）结果期。结果期是茄子生长过程中需肥量最大的时期，也是茄子生产中最关键时期。据统计，结果期吸收的各类营养元素约占整个生长期的70%以上，因此该时期要注意水肥管理，避免因缺肥而导致产量受损。在肥料使用上，结果期除需要大量的氮肥外，还需要大量的钾肥，并注意各营养元素之间的配合施肥。一般露地或未覆盖地膜生长的茄子采用开沟或挖穴进行施肥，而棚室栽培茄子应采用随水冲施肥法施肥。一般第一次追肥后，每隔10～15天追1次肥，每次每亩追施尿素10千克，钾肥15千克，盛果期应较少施用磷肥，因为施磷肥过多容易导致果皮老化、缺乏光泽，从而影响商品性。结果后期因温度过高，应适当减少地面追肥，可进行叶面施肥，以补充根部吸肥的不足，一般喷施0.2%的尿素和0.3%的磷酸二氢钾溶液，喷施时间以晴天傍晚为宜。

45 设施茄子栽培中如何正确施用二氧化碳气肥？

设施栽培茄子中气体的变化，由于不如温度、湿度那样明显地影响茄子的生长，容易被种植者忽视。在设施环境下，棚内二氧化碳（CO_2）的浓度大部分时间都远低于室外，而CO_2是茄子进行光合作用制作有机营养物质的主要原料，且有研究表明增施CO_2能够提高蔬菜作物的光合作用效率，促进生长发育，增加叶面积，加速植物对养分的吸收运输与光合成运输，提高抗逆性，促进现蕾开花，一般可使花期提前4～5天，能有效促进茄子提早上市，提高经济效益。栽培过程中增施CO_2气肥常用方法主要有以下几种：

（1）液体CO_2施肥法。该方法就是将气体CO_2经过加压后转变成液体CO_2，保存于钢瓶中，然后通过塑料软管均匀释放到棚室内。该方法方便易行，CO_2气体扩散均匀，易于控制用量和时间。但该方法必须有气源作保证，适用于CO_2气源充足的地区。

（2）固体CO_2施肥法。该方法即是利用固体CO_2（干冰）在常温下吸热后释放CO_2气体来施肥。该方法操作简单，CO_2气体纯度高，无有害气体产生。但是固体CO_2制作成本高，需要专门的运输储藏设备，目前还不能大范围推广利用。

（3）化学反应法。主要是通过硫酸和碳酸氢铵进行化学反应产生CO_2气体，该方法操作简单，经济适用，安全卫生，价格相对低廉，是目前较常用的CO_2追肥方法。具体操作：在大棚内设30个盛硫酸的容器，一般用塑料桶为宜，不宜用金属容器，将小桶挂在不影响田间作业的空间，高度与蔬菜植株高度平齐，将98%的工业硫酸按酸、水比例1∶3稀释，切忌将水倒入酸中，以免溅出硫酸伤害作物。每个小桶倒入0.5千克稀酸，每天每个小桶加入碳酸氢铵100克，一般加1次酸可供加3日碳酸氢铵用，如果加入碳酸氢铵后不冒泡，表示稀酸反应完全，清除剩余溶液。清除的溶液兑水80～100倍喷洒蔬菜叶片，不但能有效促进蔬菜的生长，而且还能有效地防治病虫害。

（4）吊袋式CO_2气肥施肥法。该方法是近几年大面积推广的一种CO_2追肥法，该方法操作简单，物美价廉。吊袋式CO_2气肥形态为粉末状固体，由发生剂和促进剂组成，将二者混合搅拌均匀，在袋上扎几个小孔，吊袋内的CO_2不断从小孔中释放出来，供植物吸收利用。每袋气肥使用面积30米^{2}左右，每亩可吊袋20袋。CO_2释放量随着光照和温度的升高而加大，温度过低时CO_2释放量较少。

施用CO_2气肥的注意事项：

（1）严格控制CO_2施用量。适宜的CO_2浓度可促进光合作用，但浓度过高（空气中CO_2的体积分数超过0.5%～0.6%）则会降低光合作用效率。且CO_2比空气重，大量使用以后容易积聚在地面附近，时间长了会使地表土层中含氧量降低，导致根系呼吸作用减弱，从而影响根系的生长发育。

（2）合理安排施用时间。由于棚内夜间积累的CO_2可供应一段时间，所以应在揭棚1小时后使用，随着光照和温度的变化，其用量也应随之改变。作物的光合作用在白天有两个高峰期，分别是上午的9：00—11：00和下午的14：30—15：30（冬季棚室条件下），在这两个光合作用最旺盛的阶段适量施用CO_2，会大幅度地提高光合效率，积累更多的光合产物。同时也应根据天气状况来合理使用，阴天不施，晴天时应增加施用量，但是在高温情况下要避免CO_2浓度过高抑制了光合作用的进行。

（3）注意正确的施肥位置。一般来说，茄子的中上部叶片见光多，光合能力最强，需要的CO_2也多，在施用时要均匀地施用在茄子中上部。但要注意不能离作物的生长点太近，以免浓度过高抑制其生长。

46 茄子如何进行叶面追肥？

叶面追肥是将茄子生长发育所需要的营养元素直接喷施在叶片、茎秆以及果实表面，并由叶面、茎表和果面直接吸收进入植株体内。叶面追肥具有养分利用率高、肥效快且施肥均匀等优点。在使用叶面肥时，应注意以下几点：

（1）选择合适的施肥时期。叶面追肥作为土壤施肥的一种补充，在茄子处于逆境、根系发育不良时使用效果最佳。其所用肥料的种类应符合当时植株生长发育的需要，并根据当时的植株表现对症下药。

（2）采用适宜的浓度喷施。叶面肥直接作用于叶或果实表面，植株对肥效的缓冲作用比较小，因此一定要控制好浓度。在一定浓度范围内，养分进入叶片的速度和数量随着浓度的增加而增加，但浓度过高容易发生烧叶、烧果等现象，进而造成肥害。尤其是微量元素叶面肥料，作物从缺乏到过量之间的临界范围很窄，施用时需要严格控制浓度。

（3）选择适宜的施肥时间。叶面肥喷施的效果与喷施时间以及叶片湿润时间的长短有关。因此叶面肥应选择阴天或者晴天上午喷肥，设施栽培切不可在雨天或温度较低的天气进行叶面喷肥，否则容易造成棚室内空气湿度过高，容易导致病害发生。

（4）适当添加助推活性剂。叶片被叶面肥浸润时间越长，吸收率就越高。为了达到这个要求，喷施叶面肥时可适量加入提高附着力的助剂，增加肥液与叶面的接触面积，提高喷施效果。

47 茄子如何预防缺素症？

（1）缺氮。表现为下部叶片失绿、黄化、脱落，然后向上部新生叶片转移，叶片小而薄，叶柄与茎的夹角变小，呈直立状。缺氮严重时，下部老叶黄化脱落，心叶变小，幼叶停止生长，大部分花蕾都枯死脱落，不结果或结果少，后期停止生长，呈现褐色。预防补救措施：施足底肥，增施腐熟后的有机肥。以有机氮肥为主，化学氮肥少量，以混施深施为好。

（2）缺磷。从基部老叶开始，逐渐向上部发展。叶片呈现暗绿色或灰绿色，缺乏光泽。缺磷严重时，叶片生理失调，枯萎脱落，形成较多的花青苷，使得叶色有紫红色斑点或条纹。植株生长迟缓，矮小瘦弱、直立，根系不发达。雌花着生少，或不形成花芽，或花芽形成显著推迟，从而导致结果时间推迟。预防补救措施：增施有机肥，提高土壤供磷能力；发现缺磷，应及时喷施氨基酸复合微肥和磷酸二氢钾。

（3）缺钾。缺钾不严重时，下部老叶出现缺素症，老叶叶尖、叶缘发黄，后逐渐发展。缺钾严重时，初期心叶变小，生长缓慢，叶色变浅。缺钾后期叶脉间组织失绿，出现黄白色斑块，叶尖、叶缘逐渐干枯，上位叶簇生，后期叶片变褐、枯死、脱落。果实不能正常膨大，果实顶部变褐，进而落花落果。预防补救措施：增施有机肥，施入足够钾肥。缺钾时，可叶面喷施0.2%～0.3%磷酸二氢钾或15%草木灰浸出液。

（4）缺钙。新生部位先有症状，表现为植株矮小，幼叶失绿、卷曲、畸形，新生叶易腐烂，出现叶缘焦枯现象。叶片出现灼烧状，生长点萎缩干枯，有枯死斑。有时出现“铁锈叶”，即叶面上的网状叶脉变褐，形似铁锈状。缺钙植株的果实常出现水渍状浅黄褐色至褐色病斑，即生产上较常见的脐腐病。预防补救措施：酸性土壤中，每亩施石灰70～100千克，碱性土壤每亩施氯化钙20千克或石膏50～80千克。高温、低温期叶面喷施0.3%～0.5%氯化钙溶液或过磷酸钙300倍液。

（5）缺镁。叶绿素含量下降，叶脉间叶肉变黄失绿，叶脉仍呈现绿色，并逐渐从淡绿色转为黄色或白色，产生大小不一的褐色或紫红色斑点或条纹。严重时整个植株的叶片出现坏死现象。预防补救措施：改良酸性土壤，均衡施肥，增施含镁肥料。发生症状时，用1%～3%的硫酸镁或1%的硝酸镁，每亩喷施肥液50千克左右，连续喷施几次。硝酸镁喷施效果优于硫酸镁。

（6）缺硫。缺硫时上部幼叶先发病，幼叶（芽）黄化，叶脉先失绿，之后发展到整张叶片。茎细弱，根系变弱，开花结果推迟。预防补救措施：每亩用15～25千克石膏作基肥肥料施入土壤。

（7）缺锌。缺锌时植株矮化，中间部位叶片褪绿，顶部叶片中间隆起呈现畸形，生长差，茎叶硬，生长点附近节间缩短。叶小呈丛生状。新叶上发生黄斑，逐渐向叶缘发展，最终全叶黄化。心叶变黑变厚，果实变僵硬等。预防补救措施：低温期用96%硫酸锌700倍液、高温期用1000倍液叶面喷洒；灌根用1000～1500倍液，每穴浇0.3～0.5千克溶液；随水浇施时，每亩限量1千克硫酸锌。以单用效果明显，每茬作物限用1～2次。

（8）缺铁。植株矮小失绿，失绿症状首先表现在顶端幼嫩部位，叶片的叶脉间出现失绿症，在叶片上明显可见叶脉深绿，脉间黄化，黄绿相间很明显。严重时叶片上出现坏死斑点，并逐渐枯死。土壤缺铁比较普遍，尤其是石灰性土壤，酸性土壤中过量施用石灰或锰的含量过高，会诱发缺铁。预防措施：可用硫酸亚铁作基肥、叶面喷施。基施时应与有机肥混合施用，叶面喷施，浓度为0.2% ～ 0.5%，一般需多次喷施。溶液应现配现用，并在喷液中加入少量的展着剂。

（9）缺钼。叶脉呈浅绿紫色，叶肉米黄色，叶脉间发生黄斑，叶缘内卷，花序萎缩，硝态氮多时易发生缺钼。预防补救措施：酸性土壤要追施钼酸铵、钼酸钠等含钼肥。叶面喷施0.02%钼酸铵。

（10）缺硼。植株叶色暗绿，茎叶发硬，叶片积累花青素而形成紫色条纹，生长点萎缩，茎秆开裂。花蕾枯腐，不能正常开放。幼果易僵化或空洞，果皮无光泽，有裂纹，果肉变褐。预防补救措施：硼砂1000 ～ 2000倍液叶面喷施。

第八章 茄子水分管理技术

48 茄子对水分需求有何特点?

水是茄子植株的重要组成部分，不仅影响茄子的光合能力，而且影响植株地上部与地下部、生殖生长与营养生长之间的协调。茄子根系发达，主根粗而壮，吸水能力强。茄子植株分枝性强，叶片大而薄，蒸腾作用强，而且茄子果实需水量大，水分不足会导致茄子生长速度慢，严重时出现“僵果”现象。但是，浇水过量，空气湿度过高，长期超过80%就会引起病害。因此需要在栽培过程中根据茄子不同生育阶段需水特性以及具体环境情况，合理浇水，以利于茄子正常生长发育。

（1）发芽期。茄子种子的含水量一般在8%左右，而种子萌发需要含水量达到60%才能发芽，因此为使种子发芽必须要让其吸收充足的水分。生产中茄子育苗常需要先进行浸种催芽，保证种子吸收足够的水分。播种后到发芽期间一定要保证土壤湿润，否则容易导致茄子种子发芽慢和发芽率下降。但土壤水分过多，会引起烂种现象发生。

（2）苗期。茄子幼苗初期应保持苗床湿润，以提供充足水分，空气湿度以60%～70%为宜。但随着幼苗的生长，其根系不断发展，吸水能力增强后，应适当控制苗床湿度，防止幼苗徒长和因为苗床湿度过高导致苗期病害的发生。

（3）开花结果期。在始花期，由于该阶段生长迅速，对水分需求量大，需要充足的水分供应，如果水分不足，不利于植株生长发育和果实膨大，但该时期每次浇水量不宜过多，一般以浇小水为主，以打湿土壤即可。结果盛期需水量最多，一般要保持80%左右的土壤相对湿度。如果土壤中水分不足，会导致果实的果皮粗糙，品质变劣。

49 茄子生产过程中如何进行水分管理?

(1)苗期水分管理。茄子苗出土后对土壤湿度的要求比未出土前低，畦面湿润或半干半湿状态最佳。苗床浇水以湿透表层土为宜，保证茄子苗生长对水的需求。低温期育苗，应在晴天中午前后进行浇水，浇水后适量通风，排除苗床内多余水分。高温期应在早、晚进行浇水。

(2)定植到活棵前水分管理。定植时应及时浇足定根水，浇水量以浸透根系周围土壤为宜，不宜过多，否则会引起土壤泥泞，根系不能正常呼吸，发生烂根。此后视天气和墒情隔天进行复水2～3次，水量要适宜，直到活棵。

(3)茄子活棵到门茄坐果。此阶段最好保持土壤适度干燥，以促进根系生长。一般情况下，在浇足定植水，缓苗后又浇足缓苗水的情况下，门茄坐果前土壤不发生明显干旱时，不再进行浇水，如果植株出现缺水萎蔫症状，可少量浇水。此时期浇水量过大易引起植株徒长。

(4)结果期。此时期需水量最大，是水分管理的关键时期。一般在门茄"瞪眼"时，要及时浇1次"稳果水"，以保证幼果生长。门茄采收后，应结合追肥及时浇1遍水，以促进果实迅速膨大；至采收前2～3天，还要轻浇1次，促使果实在充分长大的同时，保证果皮鲜嫩，具有光泽，以后在每层果实发育的始期、中期及采收前几天，都按此要求及时浇水，以保证果实生长发育的连续性，但每次的浇水量必须根据当时的植株长势及天气状况灵活掌握。

50 茄子如何进行水肥一体化管理?

水肥一体化是将灌溉与施肥融为一体，实现水肥同步控制的农业新技术。主要是借助压力系统，将可溶性固体或液体肥料与水一起，通过供水管道系统提供给植株，使根系周围土壤保持最佳的水肥含量。具有水肥利用率高、降低棚内湿度、节省劳动力等优点。在使用中应注意以下几点：

（1）因地制宜选择微滴灌施肥系统。茄子水肥一体化宜采用微滴灌。施肥装置可选择文丘里施肥器、压差式施肥罐或注肥泵，具体应根据种植基地的条件，合理选择，条件好的可选择自动灌溉施肥系统（图8-1、图8-2和图8-3）。

图 8-1　自动化灌溉施肥系统

图 8-2　田间管道

图 8-3　简易水肥混合

（2）合理选择肥料。微滴灌施肥系统所用肥料必须是可溶性肥料且符合国家标准或行业标准，如尿素、碳酸氢铵、氯化铵、硫酸铵、硫酸钾、氯化钾等，纯度好，杂质少，溶于水后均不产生沉淀。所选用的水溶性肥料的酸碱性应以不腐蚀设备容器为宜，不能引起灌溉水pH的剧烈变化，而且特别注意避免造成不溶性磷酸盐沉淀，堵塞滴头。

（3）防止过度灌溉。在水肥一体化技术应用过程中，很多农户由于经验不足，总担心施肥量不够，延长灌溉时间，不仅浪费灌溉水，而且容易将不被土壤吸附的养分冲到根系以外，从而导致肥料浪费。过量灌溉还容易造成肥害，反而影响植物生长。

（4）施肥后管道清洁。使用过程中要注意管道的冲洗问题，一般施肥前先滴水半小时，等管道都充满水后开始加入肥液进行追肥，施肥结束后要继续滴半小时清水，将管道内残留的肥液全部排出，以免肥料在滴头处结晶或藻类、微生物等在滴头处生长，从而导致滴头堵塞，影响整个滴灌施肥系统正常运行。

第九章 茄子植株调整技术

51 茄子为什么要进行植株调整?

茄子属于连续的假二叉分枝，分枝能力强，如果任其生长将会枝叶丛生，会影响田间通风透光性，造成植株徒长、养分浪费和果实发育不良，影响产量，因此生产中必须及时开展植株调整，进行合理的整枝、打杈和摘叶，其主要优点如下：

（1）植株调整有效提高果实商品性。茄子不同部位分枝其结果能力有所不同，商品果率也有所不同。一般来讲对茄、四门斗茄子的结果能力以及果实商品性最佳，以后随着分枝数量的增加、营养供应不足等因素，坐果率和果实商品性也随之下降。因此需要及时整治，去除植株上多余的侧枝，使营养能够集中供应在结果枝上，保证果实发育的营养需要，从而有利于提高中后期茄子的结果率和果实商品性。

（2）植株调整能够有效减少养分消耗。随着植株生长，下部老叶逐渐失去功能，四门斗茄后弱枝以及不结果枝增多，这些老叶和枝条不仅消耗植株的营养成分，降低养分利用率，更不利于商品果实的发育，因此及时进行植株调整有利于减少营养成分浪费，提高养分利用率。

（3）植株调整有利于通风透光，提高果实着色。适宜的光照对茄子果实着色、光泽都十分重要，光照充足时，果色鲜艳，有光泽，商品性好；反之则果实着色浅，色暗，阴阳面严重，严重影响果实商品性。做好茄子植株调整，可有效保持下部良好的光照条件，提高果实商品性。

（4）植株调整能改善栽培环境，减少病虫害发生。由于茄子分枝能力强，越到上部，分枝数量越多，越容易造成田间郁闭，导致通风透光下降，从而有利于病虫害发生。因此需要及时对植株进行整枝，保持合理的枝条和叶片分布密度，改善通风透光条件，减少病虫害发生。

52 茄子生产中常用的植株调整方法有哪些?

茄子植株调整包括整枝、打杈和摘叶。茄子在生产中要依据不同的栽培方式、不同品种特性和人力成本进行整枝，目前生产中常用到的整枝方式如下：

（1）单秆整枝法。首先将门茄以下的侧枝全部摘除，仅保留主茎作为结果枝，当茄子分叉时，每次都保留长势较强枝，另一侧枝结果后，保留2～3叶摘心。单秆整枝适用于密植，果实上市早，前期产量高。但该整枝方法用苗多，用工成本大，植株容易早衰，目前多用于日光温室或塑料大棚进行高密度吊蔓早熟栽培（图9-1）。

图9-1 单秆整枝

（2）双秆整枝法。首先也是将门茄以下的侧枝全部摘除，当茄子第一次分叉时，就只留两个分枝同时生长，以后每次分枝也各保留1个较强长势分枝作为结果枝。如此循环，保证每层都能收获2个商品果。这种整枝方法操作简单，植株间通风透光好，可以使养分供给集中，果实发育好，商品性佳，是目前日光温室以及塑料大棚茄子种植最主要的整枝方法（图9-2）。

图 9-2　双秆整枝

（3）三秆整枝法。是指茄子在开第一朵花时，保留花朵下方两个侧枝，这样就可以使植株形成主枝和两个侧枝同时3个结果枝的局面。或者在茄子坐果后，保留果实以下第一个和第二个侧枝作为结果枝，以后每个枝条也只留1个侧枝作为结果枝，以此循环。三秆整枝适合株型较矮、叶片相对较小、果实中等的早熟品种密植栽培。

（4）四秆整枝法。前期同双秆整枝，从四门斗果实开始留4根枝条作为结果枝，其余全部摘除。这样每层就可结4个果。四秆整枝植株根系发达，生长期长，有利于提高总产量。但该方法单株留枝条多，行间通风透光条件较差，且前期产量不高，种植密度不宜过大（图9–3）。

图 9-3　四秆整枝

（5）换头整枝法。 换头整枝法就是对茄坐果以后，在果实上方留2～3片叶子摘心，保留下部1个侧枝，侧枝第一个果实坐住后，依然保留2～3片叶子摘心，使其下面的侧枝萌发。运用该方法进行植株调整，能够提高茄子的整齐度和商品性，降低植株高度，延长茄子的收获期，是目前新兴的一种茄子整枝方法，可结合前几种方法综合运用。

摘叶是茄子植株调整的另一个关键技术。摘除光合能力差的老叶、黄叶和病叶，可以增加田间通风透光性，减少养分消耗，控制旺长，减少病虫害发生，提升茄子抗逆性，最终达到提质增产的目的。茄子摘叶时应遵循以下原则：

一是摘老不摘嫩。可以摘除一部分老叶、黄叶，但新长出的嫩叶即使密度大也不能摘除。

二是摘下不摘上。同一株茄子，可以先摘除底部的老叶、黄叶，依照长势和茄叶的老化程度自下而上依次合理的摘除。

三是摘旺不摘弱。对于同一植株，有些向阳的茄枝长势强盛，有些背阴的茄枝长势羸弱，可以疏去长势强的老病残叶片，对长势弱的侧枝叶片不做处理；在同一垄间，可以先疏去植株旺盛的老叶、黄叶，对长势弱植株叶片应推迟摘叶。

四是摘涝不摘旱。茄子生长全程需要4～5次摘叶，但在干旱时期不要疏叶，可在雨季洪涝的时期摘除老叶、病叶和腐叶，可增强叶片之间的透气性和土壤透光性，减少病虫害的发生概率。

五是摘足肥不摘贫肥。茄子疏叶，在土壤肥料充足、肥力旺盛的时期可以摘除，修剪老病残腐叶，可以控制旺长；但在土壤贫瘠、肥力匮乏、肥效缓慢的时期不要疏叶修剪。

六是摘果不摘花。在茄子盛花期不要疏叶修枝，否则会改变茄子的生殖节奏，影响茄子坐果，造成落花落果的后果。在茄子结果期和果实膨大期，可以疏除一部分老病残腐叶，以此提升叶片之间的透气性，有利于提高果实的商品性。

53 茄子整枝有哪些注意事项？

（1）整枝时间要适宜。 为了减少茄子病害发生，应选择在晴天上午进行整枝，尽量不在阴天以及傍晚进行整枝，这是因为在阴天或者傍晚整枝抹杈后，伤口不能得到及时愈合，容易感染病菌，从而导致病害发生。

（2）整枝时机要适宜。茄子整枝打杈不应太早，在生长初期可以通过侧枝诱导根系扩张，且较多的叶片也有利于光合作用，促进植株生长。一般建议在茄子门茄开花期或植株上的侧枝长到10～15厘米时开始进行整枝。

（3）整枝位置要合理。部分农户打杈时为图方便，将杈从基部全部抹去，造成抹杈位置伤口大，一旦发生病菌侵染，病菌很快沿伤口传至主干，且创伤大，不利伤口愈合。正确的做法应该是打杈时在杈基部留1～3厘米高的茬，既可有效阻止病菌从伤口侵入主干，又能使创面变小，有利伤口愈合。

（4）整枝工具要适宜。一般建议使用剪刀，整枝时把侧枝从枝干上剪掉或割掉，不能硬折硬劈，避免伤口过大或拉伤茎干表皮，从而减少染病概率。

（5）整枝时要及时摘叶。茄子整枝打杈时，适当摘除一些植株下部的病老黄叶，能够较好地减少养分流失。

（6）整枝后要及时防病。整枝打杈后由于有伤口，容易感染病害。可用一些保护性杀菌剂，重点喷洒茎秆，预防病害的发生。

54 茄子如何进行吊蔓和搭架？

茄子吊蔓和搭架可以起到固定植株，防止倒伏，改善田间通风状况，充分利用光照使茄子增加坐果，果实悬离地面，可减少病害，果实着色均匀，光泽好，商品性好。生产中常用到的搭架主要有：

（1）单杆架。一般利用高1米左右的竹子、木杆等架材在茄子对茄坐果期直插入茄秆旁，将茄秆与架材捆住支撑，该方式适用于植株较矮、开展度不大的茄子品种，此方法多用于露地栽培茄子。

（2）直立联架。该搭架方式适合双行栽培茄子模式，搭架材料在1米左右，每株茄子外侧或每隔一定距离插1根，利用铁丝或竹竿将每个单杆架连接起来，形如篱笆。该方法适用于长势强、开展度大、生长期长的茄子品种。

（3）人字架。人字架是比较常用的搭架方式，在每株茄子外侧各插1根竹竿或支柱，使上部交叉，上部再用1根横杆相连接。这种搭架方式多应用于露地茄子栽培（图9-4）。

（4）交叉式立架。每相隔数米，将2根架材交叉斜插入畦中，待植株坐果后，长出较多分枝时，用铁丝或尼龙绳将各支柱连接。

图9-4　露地茄子搭架

（5）吊蔓。目前设施栽培茄子多采用吊蔓栽培，通过吊蔓能增强支撑，有利于植株透风透光。吊蔓材料一般为尼龙绳或抗老化的撕裂膜。先在设施内南北向按行距拉10号或12号铁丝，然后将绳子的一端绑在铁丝上，另外一端绑在植株第一分支下部，过几天将其分枝缠绕在绳子之上，诱导茄子植株向上生长。该方法无须绑蔓，只需将茎缠绕在绳上即可（图9-5、图9-6）。

图9-5　大棚茄子吊蔓

图9-6　日光温室茄子吊蔓

第十章 茄子果实管理技术

55 茄子如何保花保果？

茄子是喜温、喜光作物，对温度和光照的要求较高。条件不适宜时易形成正常结果的异常短柱花，正常的长柱花和中柱花也不能正常授粉受精，易造成落花和畸形果（图10–1、图10–2和图10–3）。果实发育期温度、光照达不到要求，果实生长缓慢，易形成僵果，或者果实商品性变差。在生产中必须加强管理，以提高坐果率，促进果实膨大，主要措施如下：

图10-1 长柱花

图10-2 中柱花

图10-3　短柱花

（1）加强温度管理。生产中应加强温度管理，白天温度控制在25～30℃，夜间温度控制在18～20℃。一方面有效保证花芽分化和花的发育，减少短柱花的发生，增加长柱花的比例，提高坐果率；另一方面保证果实正常膨大，提早上市，避免形成僵果。

（2）加强水肥管理。生产中保持适宜的植株长势，从而达到平衡营养生长与生殖生长的目的，以利于果实的生长。特别是第一次追肥应适时，最好在门茄“瞪眼”后进行，防止施肥过早，植株徒长导致开花延迟。盛果期及时追肥，防止植株早衰，导致生产能力降低。

（3）加强植株调整。生产中应注意及时摘除整枝、打杈和摘老叶，保证田间通风透光，促进果实正常发育。越到植株上层，花的质量越差，短柱花增多，长柱花和中柱花比例降低，坐果率低。应注意根据植株长势，控制四门斗后分枝数，集中营养供给，以利于花和果实的发育。

（4）利用植物生长调节剂保花保果。在温度低于18℃和高于35℃时，不能正常授粉受精，应用生长调节剂浸花、喷花或点花，促进坐果和果实膨大。

56 茄子使用植物生长调节剂保花保果时应注意哪些问题？

目前在茄子生产中较为广泛应用的保花保果植物生长调节剂主要有以下几类：

（1）2,4-二氯苯氧乙酸（2,4-D）。2,4-D在生产中处理茄子花较容易坐果，果实膨大速度快。但是2,4-D对使用规范性要求较高，如果使用时期、使用浓度以及使用量不对时，容易造成烧花现象，从而导致落花落果，并且容易形成畸形果。2,4-D如果滴落到植物叶片或生长点上，还会抑制植株生长，造成叶片损伤。因此2,4-D目前在生产中的使用量逐年减少，不提倡农户使用。

（2）防落素（又名番茄灵、对氯苯氧乙酸、PCPA）。在生产中的应用虽然在坐果效率和果实膨大速度上较2,4-D要差一点，但用防落素处理的花朵不容易形成畸形果，且防落素在适当的浓度下不会对茎叶造成危害，应用方法较多，比较灵活，有利于提高工效。

（3）商用茄子专用蘸花药。目前山东、河南等地茄子生产中常通过网络购买茄子专用点花药，该类型蘸花药是由茄子坐果所必需的微量元素、生长调节剂、赤霉素以及防病药剂复配而成。膨果速度快于防落素，茄子果实色泽好，使用时要严格按说明书进行。

茄子使用保花保果植物生长调节剂时应注意以下问题：

（1）使用浓度要合适。适宜的激素浓度能够促进茄子坐果，而浓度过高则容易产生药害，浓度过低没有效果。一般2,4-D处理茄子的使用浓度随着温度的变化而变化，气温低时浓度为20～30微升/升，气温高时应适当降低浓度，一般在10～15微升/升即可。如果浓度过高，涂抹花朵后，会在涂抹处出现褪绿的斑痕，即发生烧花现象，从而导致落花出现。防落素的使用浓度一般在30～60微升/升，虽然防落素处理花朵对浓度要求没有2,4-D那么严格，但在使用过程中适宜浓度也应随着气温变化适当调整，以防畸形果发生。商用点花药应严格根据生产厂家的使用说明书进行配置工作液。所有保花激素配置好后，应加入少量红色或白色颜料作为标记。

（2）处理部位要合理。花处理激素或多或少都会对茄子的茎叶产生药害，所以使用时应特别小心。通常处理茄子花朵都是通过涂抹或蘸花的方式，喷花相对较少。涂抹法是将激素用毛笔涂抹于茄子花柄上有节的离层处，该方法用药量少，处理后的果实粗细均匀，畸形果发生率低，商品性好，但相对费工。蘸花法是将刚开放的花朵完全浸没到药液中即可，该方法操作相对简单，防止落花落果的效果较好，但该方法用药量大，花内激素多且分布不均匀，易出现畸形果。特别注意的是2,4-D处理花朵，只提倡采用涂抹方法，尽量不用蘸花法，绝对不能喷花，因为如果药液蘸到花冠后，其花瓣不易脱落，果实被花瓣遮盖的部分不着色，且容易感染灰霉病。更要注意，不能碰到植株生长点或者嫩叶上，以免对茄子造成伤害。

（3）使用时间要适宜。茄子花适宜的处理时间一般在开花当天和花开放前两天为宜，提前处理，花蕾较小，耐药性差，容易导致烧花，形成僵果；处理偏晚，降低保花效果，坐果率下降，易致使果实开裂。因此选择在茄子开花当天或开花前一天上午8：00—10：00进行激素处理效果最佳。

（4）与其他栽培管理措施相结合。激素处理花朵可与茄子疏花疏果相结合。茄子花多为单生，但一些品种会有2朵以上的簇生花产生，一般情况下大果型茄子品种每个节位只保留主花结果，以便养分集中供应，因此需要在激素处理花朵的时候及时摘除簇生花，以防养分消耗。小果型茄子品种如线茄，可多保留几个果实。激素处理时还应与防治灰霉病相结合，茄子的花期是病菌侵染的高峰期，可以在配好的激素药液中加入扑海因、适乐时等杀菌剂，可防治灰霉病的发生。同时坐果后尽早去除残留花瓣，可减轻灰霉病的发生。

57 茄子如何利用熊蜂进行授粉？

熊蜂授粉主要运用于设施大棚内果菜类蔬菜生产。熊蜂采集花粉时振动翅膀促进花粉散发，使充足的花粉散落到柱头上，从而达到授粉目的，促进茄子花坐果。目前熊蜂授粉在发达国家已比较普遍，我国部分温室及大棚栽培茄子也引入熊蜂进行授粉，其主要优点是省时省工，提高茄子的商品性和产量，经过熊蜂授粉的茄子果形一致、光泽鲜亮，果实膨大速度快，畸形果少。但熊蜂只有授粉作用，在温度不适宜授精时，起不到促进坐果的作用。在实际应用中应注意以下问题：

（1）合理配置放蜂数量和时间。茄子属于开花较少的作物，一般普通温室大棚每亩放入1个蜂箱（大概60只工蜂）即可满足授粉需要。一般在茄子门茄开花5%以上时放入熊蜂。

（2）加强放蜂前棚室管理。采用熊蜂授粉的设施大棚应在通风口加盖防虫网，防止熊蜂外逃；放蜂期间设施内的温度应控制在10～30℃，湿度应控制在50%～90%。对已使用过农药的温室大棚，应在安全间隔期过后再放入蜂箱。

（3）合理安排放蜂位置。熊蜂蜂箱应放置在棚室中部距地面50厘米以上，不易发生震动的位置。不要把蜂箱放置在作物冠层里，熊蜂需要足够的飞行空间起落，要水平放置蜂箱，确保熊蜂进出口不被遮挡。同时应注意防晒、防潮、防鼠、防蚁。如果需要改变蜂箱位置，应在天黑后进行，避免熊蜂不认巢。

（4）维护蜂群活力。熊蜂的授粉寿命一般为45天左右，若使用得当，最长可达12周左右。由于茄子花期较长且花粉相对较少，用熊蜂授粉时应注意及时补充糖水或花粉，并随时关注作物的授粉情况，如果出现蜂群活动减少或不授粉的情况，应及时更换蜂群，保证授粉质量。

（5）合理使用农药。熊蜂对农药敏感，少量农药就会造成熊蜂死亡，因此放蜂授粉期间尽量避免使用农药，可采用黏虫板和天敌昆虫等物理、生物防治技术。如果必须使用对熊蜂有害的杀菌剂或杀虫剂进行防治，应在打药前将巢门设置在“进蜂”状态，使熊蜂仅能进入蜂箱。打药前一天，将巢门保持在“进蜂”状态约4小时，即可将箱外所有熊蜂回收至蜂箱中。然后，将巢门设置为“关闭”状态，移至通风、无化学农药存放或施用、温度为18～20℃的环境。依据使用农药的不同，待其安全间隔期过后，再将蜂箱移入原授粉场地。

58 茄子果实发育不良有哪些原因?

茄子果实在发育过程中，易受环境和水肥条件影响，导致果实不能正常发育，商品性变差，产量下降。果实发育不良主要有以下几种类型：

（1）着色不良（图10-4）。通常紫黑长茄果实发育过程中一旦着色不良，果面颜色则为淡紫色，个别果实甚至接近绿色，紫红长茄着色不良则表现为果面颜色为淡紫色甚至白色。茄子着色不良分为整个果皮颜色变浅和斑驳状着色不良两种类型。在保护地中多出现半面色浅的着色不良果。高温、弱光和水肥不足是造成茄子着色不良的主要原因。

（2）僵果（图10-5）。茄子坐果后果实停止膨大，果实变硬，失去食用价值，或果实勉强膨大，表面光泽消失，俗称“石茄”。僵果的产生主要有以下原因：一是光照和温度不适宜，造成植株生长弱势，花芽分化不良，养分供应不足。二是施肥不当，如氮素营养过剩，特别是铵态氮浓度过大，容易出现僵果。三是植株徒长，运送到果实里的养分不足。四是植物生长调节剂使用不当。

图10-4　着色不良

图10-5　僵果

（3）果实裂果（图10-6、图10-7）。茄子裂果是茄子生产中常见的一种现象。茄子各个部位均可开裂，裂口大小深浅不一，有的种子外翻裸露，而且裂果后易受病菌侵染而造成烂果，严重影响产品品质和经济利益。茄子果实开裂的主要原因包括：一是虫害，茶黄螨危害茄子的幼果，使果实表皮增厚、变粗糙，而内部胎座组织仍继续发育，造成内外生长不平衡，导致果实开裂。二是水分供应不均衡，干旱后大量供水，果肉生长速度快于果皮，造成裂果。三是植物生长调节剂使用浓度过大、重复蘸花或是在中午高温时蘸花，都有可能导致果实萼片部位开裂。

图10-6　虫害引起裂果

图10-7　供水不均引起裂果

第十一章 茄子肥害和药害防治技术

59 茄子生产中有哪些不合理的施肥现象？

（1）重化肥而轻有机肥。只重视化肥的施用，轻视有机肥，常常会使土壤盐渍化、酸化、板结等，从而不利于茄子的生长。禽类和人粪尿、秸秆肥、牲畜圈肥等有机肥能够为蔬菜提供较全面的营养，改善土壤理化性质，补偿土壤有机质的损耗。茄子生产中应以有机肥为主，化肥为辅，这种施肥方式既可发挥有机肥肥效长、营养全面和改良土壤等优点，又能利用化肥养分含量高，可迅速提高供肥水平的优势。

（2）过量施肥。茄子等蔬菜作物的需肥量比粮、棉、油等大田作物要大得多，但也有一定限度。如果盲目地大量使用肥料，会使土壤中的盐分浓度过高，茄子受到灼伤，从而停滞生长。过量施肥会使茄子植株抵抗力下降，产生毒害等副作用，而且妨碍茄子对其他营养元素的吸收，引起缺素症。此外过量施肥还会影响茄子的产品品质。

（3）不按需施肥。在茄子生产过程中，忽略了所施肥料与茄子需求的关系。施肥应该把握茄子生长的关键时期。定植前，基施腐熟的有机肥作基肥。在门茄“瞪眼期”，结合浇水少量追施速效氮肥。对茄膨大后，根据植株长势及时追施复合肥，并逐渐加大用量。

（4）施肥方法不当。施肥浅或表施，有些肥料易挥发、流失，或难以到达根部，不利于茄子的吸收。有机肥未腐熟直接施用，导致茄子植株氨气中毒等。

60 茄子如何预防肥害？

俗话说，庄稼一枝花，全靠肥当家。但在茄子种植过程中，施肥并非多多益善，施肥不当就会出现茄子肥害的问题。茄子肥害是指在施肥过程中施肥过量或施肥不当，使茄子出现贪青、徒长、晚熟、抗性减弱、病虫害加重、烧苗、萎蔫等症状，造成生长受阻或植株死亡。茄子栽培过程中的肥害可分为外伤型和内伤型。

（1）外伤型肥害。主要包括气体毒害和浓度伤害两种情况。

① **气体毒害。**主要包括氨气毒害和二氧化硫气体毒害。氨气在空气中只要浓度达到5微升/升以上，就会使叶片产生伤害，主要表现为出现水渍状斑块，并逐渐失水死亡，形成枯死斑。在更高浓度下会发生急性伤害，出现黑色伤斑。氨气主要是在使用碳酸氢铵、氨水、尿素等化肥时产生，另外，未腐熟的有机肥也会产生氨气，特别是在设施栽培中，由于植株生长空间相对密闭，更容易导致氨气在空气中积累进而发生毒害。

二氧化硫气体毒害多发生在棚室内施用大量生饼肥和有机粪肥后，在腐解过程中会产生大量硫化氢，硫化氢在空气中进一步氧化生成二氧化硫。二氧化硫气体由气孔进入叶片，再溶解浸润到细胞壁的水分中，使叶肉组织失去膨压而萎蔫，产生水渍斑，最后变成白色，在叶片上出现界限分明的点状或块状坏死斑，严重时斑点可连接成片，造成全部叶片枯黄。

② **浓度伤害。**由于化肥或有机肥一次施入过量，从而导致土壤中溶液浓度过高，渗透阻力增大，使作物对养分和水分的吸收受阻，甚至发生根细胞内的水分被吸收到土壤溶液中，出现异常的向外渗透，从而导致根和根毛细胞原生质失水死亡。

（2）内伤型肥害。指由于施肥不合理，导致植物体内离子平衡被打破，从而产生生理性伤害，目前常见的内伤型肥害主要包括以下两个类型：

① **氨中毒。**土壤中铵态氮太多时，蔬菜就会吸收太多的氨，从而导致氨中毒，主要影响到作物光合作用的正常进行。

② **氮肥过量。**氮肥施用过多，容易出现亚硝酸盐积累，从而产生亚硝酸毒害，主要表现在植物根部变褐，叶片失绿发黄。氮素过多也会造成钙素淋溶

增加，使蔬菜产生缺钙症状。

在茄子生产中避免发生肥害应注意以下几点：

一是在棚室内栽培茄子，定植后一定注意棚室的通风透气。如果条件允许，棚室内提倡使用滴灌的方式来施肥浇水，可有效避免高温烧叶和水肥不均引起的肥害。

二是基肥施用前需要进行腐熟和深施。肥料埋于土壤中，不要露出地面，以免产生氨气对叶片熏蒸，造成肥害。少用或者不用挥发性强的碳酸氢铵等氮素化肥。

三是增施生物菌肥。生物肥料除具有产生大量活性物质的能力外，还具有固氮、溶磷、解钾、抑制植物根际病原菌等功能，调节土壤微生物区系的组成，改善土壤生态环境，减少病虫害的发生，提高抗逆性。

四是追肥时要与茄子植株保持适当的距离。一般来说，要距根系10厘米左右，并且要深施，追肥后要立即覆土。土壤过于干旱时，追肥后要及时灌水，以防发生灼根。

五是夏季或高温季节追施化肥时，要避开中午时间施肥，应尽量选择沟施、覆土和傍晚施肥，施肥后及时浇水通风。

六是如若发生肥害，可根据情况尽力挽救，例如浇灌一次大水，稀释土壤中的化肥浓度，可缓解茄子肥害，但要注意茄子不耐涝，不能为缓解肥害而过量浇水。同时可喷施解肥害的药剂，如芸苔素内酯，促进植株恢复生长。

61　如何避免和减轻营养元素之间的“相克”作用？

肥料之间既存在相生，也有相克、矛盾的关系，产生拮抗作用。例如，多施磷肥，多余的有效磷一方面会与土壤中有效锌结合形成难溶性的磷酸锌沉淀，进而引起土壤缺锌；另一方面多余的磷也会抑制作物对氮素的吸收，还可能引起缺铜、缺硼。多施钾肥，会减少茄子对氮、镁、钙、硼和锌的吸收，引起茄子体内的各种缺素。避免和减轻营养元素之间的“相克”作用，应注意以下几点：

（1）平衡施肥。综合茄子需肥结构特点和土壤供肥的能力，做到量出为入，不偏不少。相对于单质肥，复合肥或复混肥营养元素的比例关系比较适当和协调。从全生育期来看，茄子对钾的吸收量最多，氮、钙次之，磷、镁最少。作为需钾量大的茄子，可在施用硫基复合肥的基础上，再适当增加硫酸钾作为补充。

（2）错开使用时期或使用部位。比如同时施用锌肥和磷肥，磷肥可能会与锌结合形成难溶性的磷酸锌沉淀，进而影响茄子对这两种肥料的吸收，从而达不到施肥促进增长的效果。因此可以考虑将磷肥作为底肥或基肥使用，锌肥可用作追肥；氮、磷、钾等大量元素以根际追肥为主，而微量元素肥料则多采取根外施肥。

（3）缩小接触范围。对于氮、钾等大量元素肥料，可采取撒施方式，而磷肥则可集中施肥。可以采取拌种、浸种、沾秧根等方法施用微量元素肥料，使其局限在根部，减少微量元素与大量元素接触的范围。

62 如何防止与减轻药害？

（1）茄子药害症状。茄子用药不当，从苗期到成株期均可发生药害，主要有以下症状：一是烧叶，叶脉间变色，叶缘尤其是滴药液处变白或变褐色，叶表受到较轻药害时失去光泽。二是黄化，发生在植株茎叶部位，叶片黄化发生较多。药害引起的黄化与营养元素缺乏引起的黄化有区别，前者常常由黄叶变成枯叶，晴天多，黄化产生快，阴雨天多，黄化产生慢；后者常与土壤肥力有关，全地块黄苗表现一致。三是斑点，主要发生在叶片上，有时也在果实表皮上。常见的有褐斑、黄斑、枯斑、网斑等。药害的斑点（药斑）与生理性病害的斑点不同，药斑在植株上分布没有规律性，整个地块发生有轻有重；生理性病害的斑点通常发生普遍，植株出现症状的部位较一致。药斑与真菌性病害的斑点也不一样，药斑的大小和形状变化大，而真菌性病害的斑点的发病中心和斑点形状比较一致。四是影响生长，叶和果实变小、畸形。

（2）茄子药害预防。本着预防为主、防患未然的原则，综合考虑各种因素，预防在先。药害预防应重点做好以下工作：一是根据病虫害的症状和发生程度，正确诊断病虫害，合理选用农药，对症下药。二是药剂使用前，要认真阅读农药标签上的所有内容，核对农药的名称、剂型、防治对象及使用方法，严格按照说明书操作。三是选择合理的用药时间。气温过高、天气过热、湿度过大、雨露未干、风速过大和即将降雨时不要施药。要避免在茄子生长的敏感期使用农药，避免药剂对茄子的污染与残留。四是科学混配。注意农药间的负面反应，不能起物理、化学、生物上的干扰作用。一般碱性农药和酸性农药不能混合使用，微生物杀虫剂和化学杀菌剂、微生物杀菌剂不能混合使用，含铜素农药和含锌素农药不能混合使用。

（3）减轻药害措施。药害发生后，可采取以下措施：一是喷施中和剂和解毒剂。根据导致药害的药物性质，使用与其性质相反的药物进行中和缓解。针对硫酸铜药害，可喷施0.5%生石灰水解救；有机磷类农药产生药害时，可喷200倍硼砂液1～2次或者碳酸氢铵等碱性化肥溶液。由多效唑等抑制剂或延缓剂造成的危害，可喷施赤霉酸溶液解救。高锰酸钾是一种强氧化剂，对多种化学农药都具有氧化、分解作用，可用3000倍高锰酸钾溶液进行叶面喷施。二是喷施生长调节剂。对于受到药害后黄化的植株，可进行叶面喷施细胞分裂素等叶面营养调节剂和植物激素，阻止叶片继续变黄，促进作物恢复生长，减轻药害造成的损失。对于抑制或干扰植物赤霉素的除草剂等，可喷施赤霉素、芸苔素内酯来缓解药害。三是灌水降毒。因土壤施药过量或除草剂引起的药害，可适当灌水，一方面满足根系的吸水需求，减少茄子根部积累的有害物质和体内农药的相对浓度；另一方面灌水能降低土壤中农药浓度，减轻农药对茄子的毒害。四是喷水洗苗。对于喷用浓度过大的药剂，叶面药剂吸收过多而产生的药害，药害发生不久后，可连续喷水洗苗来稀释茄子叶片表面的残留药剂，进而缓解药害。

63 高温季节如何合理用药？

高温下病虫害相继高发，病虫种类多，繁殖速度快、防治难度大。茄子生产上需特别注意科学合理用药，提高病虫害的防治效果，提高茄子生产。

（1）推广使用害虫性诱剂及诱捕器、杀虫灯、黄板等诱杀技术，有效降低病虫害的发生量，从而减少化学农药的使用。大棚加上覆盖防虫网，网棚四周压紧，阻隔害虫的侵入。田内间隔铺设银灰条膜或在棚室通风处悬挂银灰条膜，以达到防治烟粉虱和蚜虫等目的。

（2）加强田间管理，结合夏季茄子的倒茬换茬，对土壤进行翻耕烤土消毒，夏季大棚、温室等设施换茬时，可在晴天进行密闭闷晒，闷棚5～7天，能够杀灭大棚温室及土壤中的病虫害；及时摘除病虫危害过的枝叶花果和病株。合理施肥浇水，节水灌溉，减少病害传播；播种前进行中耕或深耕以除草，露地栽培可覆盖黑色地膜。

（3）根据病虫害发生和危害的特点，使用有针对性的生物农药和高效低毒低残留农药。要适期适量用药，尽量在病虫害低龄幼虫期及初发期施药。

（4）露地栽培的茄子使用农药时应在药液中添加乳油、有机硅等附着剂来增强药液的附着效果，从而增强药液防治病虫的功能。

（5）夏季高温会增强药剂的药效，因此可适当减少药液的使用量。

（6）喷药一定要在上午10：00以前和下午15：00以后，避开一天中的最高温，并做好防护措施，降低农药对茄子和喷施人员造成伤害的可能性。

64 棚室内如何避免发生烟熏剂药害？

烟熏剂是蔬菜产区普遍推广使用的一种农药剂型，点燃后借助烟雾升华的原药均匀附着在植株上来杀死病虫菌。烟熏剂具有使用方法简便、效果显著、成本低廉、残留量少、广谱性强等优点。大棚栽培茄子生产中普遍用于白粉虱、蚜虫、白粉病等病虫害的防治。但是如果对烟熏剂种类和用量、大棚空间的大小和密闭时间、使用烟熏剂的时间和温度把控不当，易对茄子产生药害。发生烟熏剂药害的主要原因主要有以下几点：

（1）烟熏剂选用不当。每一种烟熏剂都有特定的使用对象和范围，超出这一范围就可能产生药害，含二氧苯醌的烟剂对茄子幼苗易产生药害。建议生产农户在购买和使用烟熏剂前详细了解其特性，避免超范围使用。

（2）超量使用。烟熏剂的使用量必须严格按照棚室空间大小计算，棚室面积相同，但高度及结构不同时，其空间就可能存在较大差异，因此使用前应进行准确计算。特别是中小拱棚由于空间较小，使用过量烟熏剂容易产生药害。而且使用量也要根据棚室内茄子植株大小确定，植株较小，耐药性差，应适当减少用量。

（3）烟熏剂点烟位置不当。每次使用的烟熏剂总量确定之后，还要合理布局发烟点及确定每个点的用药量。棚内发烟点少、每个点用药量偏大时，局部可能因烟雾浓度过大而产生药害；发烟点分布不均，也有可能发生药害，特别是空间不大的中小拱棚，烟雾分布不均匀时更易出现药害。

（4）未及时通风换气。在释放烟剂后8～12小时，就应进行通风换气，尽快排除棚内有害气体，否则也会发生药害。

（5）在高温环境下施药。温度越高，使用烟熏剂越易发生药害。若在晴好天气的白天施放烟剂，由于温度的原因，药害发生的概率将会增加，因此最好在傍晚日落后施药。

65 茄子栽培过程中如何避免除草剂药害？

（1）除草剂药害症状。脲类除草剂如敌草隆的药害，是由根部吸收传导，所以叶片下部褪绿变白，经由叶脉向上蔓延；除草定等脲嘧啶类除草剂产生的药害，症状主要是整个叶片的主脉和侧脉褪绿变黄，有时也扩展到叶脉之间。百草枯类的药害则是植株叶片出现水渍状白斑，之后很快变为褐色。此外草甘膦的药害首先表现在新生部位，叶片变黄后转为褐色。

（2）除草剂药害防治。为避免和减轻除草剂药害，生产中注意以下几点：

一是选对药剂，适时用药。针对茄子田间杂草选择适宜的除草剂，根据说明书确定用药剂量，不能随意滥配乱用。掌握好施药时间，如播种前、出苗前、出苗后要严格区分用药。

二是根据环境条件调整用药。当气温低于15℃或高于35℃时，不宜施用除草剂。当高温、干旱、强光时忌用除草剂。当气温在15～30℃时，上午10：00前和下午16：00后，施用除草剂效果较好。

三是灌水排毒。当药害已经发生或将要发生时，要立即连续灌水，稀释并排除田间的除草剂，或结合排水施入石灰等中和田间的酸性除草剂，减轻药害。对植株上的药害，可用喷灌或喷雾水淋洗去除残留药剂，减轻药害。

四是应用生长调节剂减轻药害。刚出现除草剂药害时，要立即选用能缓解的药剂喷施，使其逐渐恢复正常生长，减少损失。例如，活性液肥800～1000倍液喷雾，或施用促进型的植物生长调节剂，如赤霉素和生长素等，也可用尿素等提苗促发新根。

66 茄子栽培过程中如何避免植物生长调节剂药害?

茄子种植过程中会使用植物生长调节剂来改善茄子生长、提高产量、改善品质，提高植株抗性来应对不良环境，如采用植物生长调节剂保花保果和控制植株徒长。但操作不当容易发生相应的药害，特别是超量使用，很容易产生药害。症状主要见于茄子的生长点、花及果实附近，常表现为叶片向上卷曲、僵硬、纹理（叶脉）较粗重，叶片颜色不变或变得更绿，症状表现为渐进式，以后症状变得更加明显，危害加重。

为防止植物生长调节剂对茄子造成药害，在生产过程中应注意以下几点：

一是要明确使用目的，有针对性地选用，以达到生产要求。

二是严格掌握使用浓度，根据茄子长势合理使用植物生长调节剂，避免药液浓度过高或重复使用，特别是茄子蘸花的植物生长调节剂使用浓度随着温度的变化而变化，温度高时应适当降低浓度。

三是选择适宜的施用时间和部位。选择适宜的施用时间和部位，尽量不让植物生长调节剂接触幼芽和嫩茎叶，因为即使是选用低浓度的植物生长调节剂药液，也容易引起幼芽和嫩叶卷曲。

四是采用一些补救措施。棚室蔬菜出现药害症状后，可以喷施钙肥、细胞分裂素等，或冲施含腐殖酸的肥料以缓解药害。

第十二章

茄子病害防治技术

茄子病害防治的基本方法有哪些?

茄子的病害很多，常见的病害有黄萎病、枯萎病、茎基腐病、绵疫病、灰霉病、褐纹病和白粉病等。按照“预防为主，综合防治”的植保方针，坚持以农业防治和物理防治为主，化学防治为辅，具体如下：

（1）农业防治。选用抗病性好的品种，从品种本身提高对各种病害的抗性；及时清除作物残株烂叶及杂草，减少田间的病原菌基数；合理轮作，提倡水旱轮作，降低病害发生的风险；科学管理，根据作物生长规律，调控棚室温度、水分、光照、空气环境，创造一个不适于病害发生的环境；加强田间管理，保证植株生长健壮，提高对病害的抗性；使用嫁接苗，提高对土传性病害的抗性。

（2）物理防治。采用温汤或药剂浸种，杀灭种子携带的病菌，从种源上切断病害传播的途径；夏季高温闷棚，杀灭设施内残留的病原菌。

（3）化学防治。臭氧是一种强氧化剂，对各种真菌、细菌和病毒都具有很强的杀灭作用，在棚室内利用具有很好的防病治病效果。使用化学药剂防治病害时，要以预防为主，在发病初期进行施药防治。

如何利用臭氧进行棚室茄子的病害防治?

向密闭的棚室内施放臭氧，使臭氧充满整个棚室，利用其强氧化能力杀灭病菌，可预防各种病害的发生和蔓延。与传统的喷施农药防病相比，臭氧法具有以下优点：一是臭氧本身无毒，施放2小时后就可以完全分解为氧气，而且还可以与一些有机农药发生化学反应，从而清除农药残留。二是防病治病效果好，臭氧是一种气体，能够很快布满棚室内各个角落和植株的各个部分，能够全方位杀死病原菌。三是在防病时不会增加棚室内湿度，利用臭氧发生仪施放臭氧，克服了传统喷施农药需大量用水的问题，特别是在阴雨天气，也能正常使用。四是病害防治的成本较低，臭氧发生仪操作简单，减轻了劳动强度，避免了因打农药而造成的植株机械损伤。

在使用臭氧防治设施茄子病害时，应注意以下问题：一是合理使用臭氧发生仪，在选择仪器型号、安装和使用时，要与销售商充分沟通，以确保仪器的安全使用效果和防病治病效果。二是使用臭氧发生仪前，应尽量密闭棚室，不留通风口。启动臭氧发生仪后，操作人员离开棚室，臭氧发生仪关闭2～3小时后，方可通风换气。三是最好选在傍晚进行，等到第2天早晨通风换气。早晨进行，施放臭氧后2～3小时左右可打开通风。高温天气，只能在傍晚进行，不宜在早晨，以免因通风换气而“闪秧”。在阴雨天任何时候均可施用。四是施放臭氧防治病害是以预防为主，因此，从苗期到开花结果期均可使用。

69 茄子如何使用波尔多液进行病害防治?

波尔多液是一种保护性的杀菌剂，有效成分为碱式硫酸铜。波尔多液本身并没有杀菌作用，当它被喷施并吸附到植物表面后，植物分泌的酸性液体使波尔多液中少量的碱式硫酸铜转化为可溶的硫酸铜。波尔多液通过释放可溶性铜离子而抑制病原菌孢子萌发或菌丝生长，具有防止病菌侵染的作用，该制剂具有杀菌谱广、持效期长、病菌不会产生抗性、对人和畜低毒等优良特性，是有机农业上允许使用的农药。

波尔多液在生产上一般是自行配制。硫酸铜、生石灰和水的比例因不同作物而异。茄子生产上常用的波尔多液比例为等量式（硫酸铜∶生石灰∶水=1∶1∶200）。具体配制方法如下：

（1）按所需喷施的药量计算所需的硫酸铜、生石灰和水。注意原料选择应选用纯净、优质、白色生石灰块和纯蓝色的硫酸铜。不能使用金属的容器和工具，以免发生化学反应降低药效。

（2）取1/3的水配制石灰液，充分溶解后过滤备用。

（3）取2/3的水配制硫酸铜溶液，充分溶解后过滤备用。

（4）两种药液配制完成后，可在容器内暂时封存，待喷药时现兑现用。

（5）配制时，将硫酸铜溶液缓慢倒入石灰液中，边倒边搅拌即成波尔多液。优质的波尔多液为天蓝色胶体悬浮液，呈碱性，比较稳定，黏着性好。切记不可将石灰液倒入硫酸铜溶液中，否则药液会随即沉淀，效果较差。

在使用波尔多液防治茄子病害时，要注意以下事项：

（1）波尔多液要现配现用，不能放置过久，当天配的药液宜当天用完，不宜久存，更不得过夜，否则会产生沉淀，药效降低。

（2）波尔多液是保护剂，预防效果好，发病后单独用效果欠佳，应与其他药剂配合使用。

（3）使用波尔多液应避开高温、高湿天气，如在炎热的中午或有露水的早晨喷波尔多液，易引起石灰和铜离子迅速聚增，致使叶片、果实产生药害。

（4）波尔多液呈碱性，有效成分有钙和铜，不能与石硫合剂、多菌灵、甲基硫菌灵、代森锰锌等杀菌剂混用。波尔多液与其他杀菌剂分别使用时必须间隔10～15天。

茄子如何使用石硫合剂进行病害防治？

石硫合剂是以生石灰和硫黄粉为原料加水熬煮制成的红棕色透明液体，具有臭鸡蛋味，是常见的农业杀菌剂。其成本较低，取材方便，可用于防治红蜘蛛、蚜虫、锈病、叶斑病、白粉病等多种病虫害。各种蔬菜对石硫合剂的反应不同，其中茄子对石硫合剂不敏感，不易发生药害。

石硫合剂既有工业化生产的商品制剂，也可以自己熬制。工业化生产是用生石灰、硫黄、水和金属触媒在高温高压下合成，分为水剂和结晶两种，结晶体外观为淡黄色柱状，易溶于水。普通石硫合剂是用生石灰和硫黄粉为原料加水熬制而成，其熬制方法如下：

（1）按1：2：10的比例备好待用的石灰、硫黄粉和水。

（2）在一口大锅内倒足水，加热至沸腾，并将预先称好的1份石灰放入锅内搅，使其充分溶解。

（3）在另一口大锅内加水，将2份硫黄粉搅拌，并将其一次性加入石灰锅，要用急火熬制。

（4）边熬制边搅，使溶液均匀受热，熬沸后保持50～60分钟。锅内溶液呈深棕红色时，将药液滴到清水碗内，如药液滴在水面上后立即分散，说明熬制的时间不够；如药液滴到水面后很快下沉，说明熬过了头，应立即停火；如药液滴到水面后，马上在水面形成一层药膜，说明已到熬煮时间，应立即停火出锅。

（5）过滤。过滤后溶液呈深棕红色，渣子呈黄绿色。用此法熬制的石硫合剂原液一般为23～28波美度。再用波美度测出度数后封缸。为防止药液氧化变稀，可向缸内滴几滴煤油封住液面备用。

在使用石硫合剂防治茄子病虫害时，要注意以下事项：

（1）使用时要对原液进行稀释，具体加水量可用公式计算：加水重量=母液波美度/稀释后波美度-1）×母液重量。例如：有1千克25波美度的母液，要稀释成0.5波美度的药液，应加的水量为：（25/0.5-1）×1=49千克。

（2）经长期贮存的原液使用前应重新测定浓度，稀释液现配现用，不能贮藏。

（3）茄子的适宜浓度为0.2～0.5波美度。使用时温度越高，越容易产生药害。夏季温度在32℃以上时或早春温度低于4℃时不能喷药。

（4）石硫合剂有较强碱性，不能和忌碱性农药混用。对喷洒过松脂合剂的作物要相隔20天再使用本药，对喷洒过油乳剂、波尔多液的作物要相隔30天后才能喷雾。

（5）石硫合剂对皮肤有腐蚀作用，溅到身上要及时洗净，喷药器械也要及时冲洗干净。

71 茄子猝倒病如何识别和防治？

（1）症状。茄子猝倒病多发生于茄子幼苗前期。种子出土前受害，造成烂种。茄子出苗后至破心受害，幼苗猝倒。发病初期幼苗茎基部变色坏死，逐渐失水收缩成线状，子叶还未凋萎，幼苗已贴地倒下，湿度大时患部及地面可见白色棉絮状菌丝。发病初期，苗床上只有少数幼苗发病，几天后，以此为中心逐渐向外蔓延扩展，最后引起成片幼苗死亡。

（2）病原及传播途径。该病病原菌为真菌鞭毛菌亚门瓜果腐霉菌。病原菌随病残体以卵孢子在土壤中越冬，条件适宜时萌发形成芽管，直接感染植株，或芽管顶端膨大后形成孢子囊，以游动孢子借风雨或灌溉水传播幼苗并侵染植株。条件适宜时，病部产生的孢子囊和游动孢子进行再侵染。

（3）发病条件。病菌喜34～36℃的高温，但在8～9℃低温条件下也可生长。土壤温度低、湿度高、光照不足时，幼苗长势弱，抗病力下降，容易发病。

（4）防治措施。

① 种子灭菌。采用温汤浸种或药剂浸种，杀灭种子携带的病菌。

② 基质灭菌。在基质中添加多菌灵或代森锰锌等杀菌剂，杀灭基质中的病菌。

③ 增温降湿。冬春季可采用电热线等加温措施，提高苗床温度。在播种时浇足底水的情况下，出苗后至破心前严格控制浇水，保持苗床相对干燥。在保证温度的前提下，加强育苗设施通风换气，降低育苗设施内的空气湿度。

④ 撒药土。出苗后，用70%的多菌灵10克，加细土4～5千克拌匀，均匀撒于穴盘表面。

72 茄子立枯病如何识别和防治?

（1）症状。茄子立枯病在苗期发病，一般多发生于育苗的中后期和定植后。发病初期，苗的茎基部有暗褐色椭圆形的病斑，严重时病斑扩展绕茎1周，失水后病部逐渐凹陷，干腐缢缩。发病初期幼苗白天萎蔫、夜间恢复，后期全株枯死，但植株不倒。空气湿度大时，可见淡褐色蛛丝状的霉（图12-1和图12-2）。

（2）病原及传播途径。该病病原菌为真菌半知菌亚门立枯丝核菌。病菌以菌丝体或菌核在土中的病残体上及有机质上越冬，在土中可存活2～3年。菌丝能直接侵入寄主，通过水流、农具、带菌堆肥等传播。

（3）发病条件。病原菌发育的最低温度为13℃，最适为24℃，最高为42℃。播种过密、间苗不及时、温度过高易诱发本病。

防治措施：同猝倒病。

图 12-1　立枯病初期

图 12-2　立枯病死株

73 茄子黄萎病如何识别和防治？

（1）症状。茄子黄萎病苗期发病很少，多在结果后表现症状。发病初期，近叶柄的叶缘部叶脉间褪绿，晴天高温时萎蔫，夜间或天气转阴时恢复。数日后，萎蔫状态不再恢复，褪绿部分变成黄白色至褐色，叶缘稍向上卷曲，且多由半边叶开始，当病斑扩展到整片叶子后，病叶干枯脱落。症状一般自下向上逐渐发展。严重时早期发病的植株生长中后期表现出植株矮小，株型不舒展。病株根茎部维管束变黄褐色。有时半边正常，半边发病，俗称“半边疯”，从而大幅度降低产量和品质（图 12-3 和图 12-4）。

图 12-3　黄萎病发病初期

图 12-4　黄萎病发病后期

（2）病原及传播途径。病原菌为真菌半知菌亚门的大丽轮枝菌。病原菌以菌丝、厚垣孢子在土壤或病残体中越冬，也可以在种子、土杂肥中越冬，成为第二年的初侵染源，一般可存活6～8年。第二年从根部伤口、幼根表皮及根毛侵入，然后在维管束内繁殖，并扩展到茎、叶、果实、种子。病菌在田间靠灌溉水、农具、农事操作传播扩散。带病种子是远距离传播的主要途径之一。

（3）发病条件。发病适温为19～24℃。茄子从定植到开花期，日平均气温低于15℃，持续时间长，或雨水多，或久旱后大量浇水使地温下降，或田间湿度大，则发病早而重。温度高，则发病轻。重茬地发病重，施未腐熟带菌肥料发病重，缺肥或偏施氮肥发病也重。起苗时带土较少、伤根多、土壤开裂等栽培管理不当会加重病害的发生。此外，地势低洼、施用未腐熟的有机肥、灌水不当及连作地块发病重。

（4）防治措施。国内外茄子抗黄萎病种质资源匮乏，目前生产上尚未有真正的高抗品种，因此以预防为主，防治结合，加强栽培管理措施来减轻黄萎病的发生就显得尤为重要。

①生态防治。实行轮作。对发生黄萎病的地块，要与非茄科作物进行4年以上的轮作，以减少土壤中病原菌数量。与葱蒜类蔬菜轮作效果较好，最好能进行水旱轮作。重茬地栽培，可利用野生茄作砧木进行嫁接栽培。

加强栽培管理，施足基肥，合理灌溉，培育壮苗，促进植株生长健壮。茄子黄萎病是根部土传病害，强壮发达的根系是防治黄萎病的一道天然屏障。因此宜采用营养钵等护根育苗措施，在起苗、定植时多带土，少伤根。采用高垄栽培，以利排水。

茄子种子可携带黄萎病病原菌，采用温汤浸种，杀灭种子携带的病菌。对病田土壤进行高温消毒，方法简便易行，防病效果显著。具体措施为：清洁田园后，每亩放入石灰100千克和碎稻草500千克，再翻耕60厘米左右使其均匀分布于耕作层，起垄、灌水并保持垄沟内始终灌满水，铺盖地膜，密闭温室或大棚15天进行闷棚，高温和缺氧会使土壤内病原菌死亡。

②药剂防治。播种前用50%多菌灵可湿性粉剂500倍液浸种1小时。整地时，每平方米用40%棉隆10～15克与适量细土混合均匀，撒于畦面上并翻入15厘米土层，整平后浇水，盖地膜，使其充分发挥熏蒸作用，10天以后再播种，或用50%多菌灵3～5千克翻入土中消毒；定植田用50%多菌灵1～1.5

千克，配成药土施入定植穴中。

常年多发病地块，黄萎病一般在门茄坐果膨大期开始发生，此时，病原菌基本侵染了整个植株，再行喷药为时已晚，所以茄子黄萎病重在预防。可在始花期每隔7天左右喷多菌灵1次，连喷3次；也可用50%苯菌灵可湿性粉剂1000倍液灌根，每株用稀释液250克；或50%甲基托布津可湿性粉剂500倍液加50%多菌灵可湿性粉剂800倍液进行灌根，每株用药液300毫升，隔7～10天灌1次，连续3次；或用高锰酸钾800～1200倍液于定植时首次灌根，以后每隔15天灌1次，每株用药量500毫升，共4次，可基本阻止黄萎病菌的侵染。发病期间，用70%敌磺钠（敌克松）1000倍液或50%复方多菌灵胶悬剂500倍液防治。

74 茄子枯萎病如何识别和防治？

（1）症状。茄子枯萎病苗期发病少，多在茄子定植后开始发病，若遇低温定植，发病早且重，结果期发病较多。发病时，病株由下而上或从一边向全株发展。叶片初在叶缘及叶脉间变黄，后发展至半边叶片或整片叶变黄，早期病叶晴天高温时呈萎蔫状，早晚恢复，后期病叶变褐并萎蔫下垂以致脱落，严重时全株叶片几乎落光，仅剩茎秆。病根、茎及叶柄等部位的维管束变褐色，纵切重病株成熟果实，也可见维管束变黑褐色。此病症状与黄萎病极为相似，需作病原检测才能区分。

（2）病原及传播途径。该病病原菌为半知菌亚门的尖镰孢菌茄子专化型。病菌以菌丝、厚垣孢子在病株残体、未腐熟的有机肥或种子、棚架上越冬。条件适宜时，厚垣孢子萌发的芽管从根部伤口、自然裂口或根冠侵入，也可从茎基部的裂口侵入，扩散开来导致病株叶片黄枯而死。病菌通过雨水、灌溉水和农田操作等传播进行再侵染。

（3）发病条件。病原菌喜温暖、潮湿的环境，发病最适宜的条件为土温24～28℃。土壤含水量20%～30%。春、夏多雨的年份发病重。秋季多雨的年份秋季栽培的茄子发病重。多年连作、排水不良、酸性土壤、地下害虫危害重及栽培上偏施氮肥等田块的发病较重。

（4）防治措施。同黄萎病。

75 茄子青枯病如何识别和防治?

(1)症状。青枯病是一种急性凋萎性细菌病害，在发病前期，表现为一片或几片叶子因为病菌扩散而出现褪绿性萎蔫的情况，随着病情的逐渐加重，整棵植株青枯而死。经过解剖学发现，内部根茎转为褐色，同时挤压会流出乳白色黏液，可以此作为诊断青枯病的重要依据。

(2)病原及传播途径。青枯病是一种由单胞菌引起的细菌性病害，病菌随病残体在土壤中越冬，次年通过雨水和灌溉水进行传播，从根部或茎基部伤口侵入，进行繁殖蔓延。

(3)发病条件。在高温高湿下容易发病，最适温度30～37℃。夏季阴雨天气整枝损伤枝条、叶片等部位，容易造成病害发生。病菌可在土壤中存活1～6年。雨后转晴，气温急剧上升时会造成病害的严重发生。连作、微酸性土壤发病重。

(4)防治措施。

①生态防治。露地栽培茄子可以和十字花科、禾本科进行轮作栽培，尤其水旱轮作效果最好；将病株和病残体清除销毁，并撒石灰消毒；种子可用55℃温汤浸种至冷却，静置24小时后播种。病重地区采用嫁接苗防治。

②药剂防治。青枯病的防治可以在定植时用拮抗菌NOE-104、MA-7灌根，刚发病时喷洒25%叶枯唑可湿性粉剂500倍液、20%二氯异氰尿酸钠可湿性粉剂300倍液、20%噻唑锌悬浮剂400倍液、20%噻菌铜悬浮剂600倍液、42%三氯异氰尿酸可湿性粉剂3000倍液、80%代森锌、72%农用链霉素4000倍液灌根，连续2～3次。

76 茄子根腐病如何识别和防治?

(1)症状。该病主要影响茄子根部及茎基部。在初期发病时，植株叶片白天萎蔫，早晚可恢复，到发病后期，恢复能力减弱甚至失去，最后植株干枯死亡。发病部位如根、茎基部表皮呈现褐色，极容易剥离，随后根系腐烂，外露木质部。

（2）**病原及传播途径。**致病菌为腐皮镰孢病菌。孢子在土壤中随病残体能存活3～6年以上，成为发病的主要侵染根源。病菌主要从植株的根部侵入伤口，随雨水或田间灌溉水流动进行传播。

（3）**发病条件。**发病适宜地温为10～20℃，酸性土壤及连作地病重，湿度大、排水不良的地块及其周围易发病，高温高湿利于发病。

（4）**防治措施。**当发现根腐病后，应立即将病株带出棚室外，并将该处植株的土壤挖出带走。需立即灌根防病与治病，可用10%混合氨基酸铜络合物水剂200倍液、70%甲基硫菌灵可湿性粉剂500倍液、50%多菌灵可湿性粉剂500倍液、2.5%咯菌腈1500倍液、0.2%五氯硝基苯可湿性粉剂500倍液、5%亚胺唑800倍液、10%多抗霉素1000倍液等，每5～7天1次，连续施药2～3次。

77 茄子根结线虫病如何识别和防治？

（1）**症状。**在生产上，根结线虫病就是农民所说的“根上长土豆”或者“根上长疙瘩”。发病植株的根部或者须根部位生长发育不良，产生大小不一的瘤状根结。根结上会再长出新根，并再长根结，几次循环后可以见到犹如线穿小型乒乓球状。破开感病部位，可以见到许多细小乳白色线虫在其中。植株会因发病导致生长不良，到中午时有不同程度萎蔫，并逐渐干枯、死亡（图12-5）。

图12-5　根结线虫病

（2）**病原及传播途径。**病原主要为南方根结线虫。根结线虫的寄主范围广，可危害多种农作物。根结线虫生存于土表下土层中，以卵或幼虫方式随病残体在土壤、粪肥中越冬。借助病土、病苗、灌溉水与农事操作传播，可于土中存活1～3年。条件合适时，越冬卵孵化形成幼虫，从土壤中移动至根尖，由根冠上部侵入生长点中，产生分泌物刺激导管细胞进行膨胀，形成巨型细胞或者虫瘿，也称根结。

（3）发病条件。田间土壤里的温湿度对卵孵化、繁殖有重要影响。当土温达到12℃时，开始孵化，随着温度上升，线虫侵入危害。因此，土壤温度越高，线虫发生越重，土壤温度低于15℃或高于35℃时线虫侵染与发育受到抑制。线虫活跃的土壤深度为5～20厘米。在棚室连茬栽培茄子时，发病更严重，尤其在越冬地区栽培的茄子更加普遍发生病害。

（4）防治措施。

① 生态防治。利用抗线虫的砧木，如野生茄子托鲁巴姆等作为嫁接砧木。采用高温闷棚法进行处理，保持土壤表面有积水，连续15天。采用轮作种植，轮作时可种植不受线虫危害的小麦、玉米等作物。

② 药剂防治。可以采用沟施、穴施、撒施等多种方式对土壤进行处理。每亩施18%阿维菌素乳油2000倍液，每亩施加0.5%阿维菌素颗粒剂2.5千克，都采用穴施；采用10%噻唑磷颗粒剂1.5～2千克对每亩土壤进行沟施，并均匀撒到地表，随后均匀混入15～20厘米土壤中，施药后覆土，用水封闭，1周后定植；也可采用5%硫线磷（克线丹）颗粒3～6千克施加于每亩土壤中。注意田间撒施与土层混匀并保持湿润，以确保药效充分发挥。需要注意的是，已经定植的植株进行灌根或穴灌施药，需在采摘前30～40天进行。

78 茄子茎基腐病如何识别和防治?

（1）症状。茎基腐病是茄子定植后经常发生的病害。菜农常称为“烂脚脖病”。主要发生在接近地面茎秆部位，病部初呈暗褐色，病斑逐渐凹陷呈黑褐色，严重时病斑绕茎基或根茎，皮层腐烂，地上部叶片变黄，植株逐渐萎蔫枯死（图12-6）。

（2）病原及传播途径。病原为半知菌亚门的立枯丝核菌。病原菌随病残体越冬。病原菌通过浇水、雨水进行传播和蔓延。

（3）发病条件。高温高湿、多雨的气候条件和低洼黏重的土壤条件下发病重。平畦定植，浇大水，加上使用未腐熟的有机肥，定植时浇冷水发病加重。

图12-6　茎基腐病

（4）防治措施。对近年发病重的地块，定植前处理土壤灭菌。可用68%精甲霜灵·锰锌水分散粒剂500倍液、72%霜脲·锰锌可湿性粉剂800倍液、25%双炔酰菌胺悬浮剂1000倍液、72.2%霜霉威水剂600倍液、66.8%霉多克可湿性粉剂800倍液，对定植穴坑进行表面喷施，而后进行秧苗定植。发病初期，可选用68%精甲霜灵·锰锌水分散粒剂600倍液、68.75%氟吡菌胺·霜霉威悬浮剂800倍液、25%嘧菌酯悬浮剂3000倍液喷施。

79 茄子灰霉病如何识别和防治？

（1）症状。灰霉病在棚室茄子设施栽培时比较严重，多发时期为越冬和早春栽培时期。灰霉病通常发生于成株期，主要危害幼果和叶片，也有侵染茎秆的。叶片染病时会显现典型的V形，在染病后期病叶密生灰霉，病叶的病斑后期还具有轮纹（图12-7）。花发病时，花瓣腐烂。果实发病时，幼果茄蒂周围开始腐烂发病，表面产生灰色霉状物，使得整个感病茄果呈灰白色，有些从果蒂周围产生水浸状褐色病斑，扩大后腐烂，呈现为暗褐色，表面伴随不规则轮状灰色霉状物，不具有食用价值。

图 12-7 叶片灰霉病

（2）病原及传播途径。病原为半知菌亚门的灰葡萄孢菌。病原菌以菌丝体、分生孢子体随病残体在土壤中过冬，也可以菌核的方式在土壤中越冬。发病组织上的分生孢子体随空气流动和浇水等物理接触方式流动传播。花期是灰霉病侵染高峰期，随后是结果期侵染果实，也可由果蒂侵入。因此，病果及病枝病叶未及时带出棚室，容易造成孢子飞散传染病害。

（3）发病条件。病原菌喜低温高湿。持续的较高的空气相对湿度可造成灰霉病发生和蔓延。光照不足，气温较低（16 ～ 20℃），湿度大，结露持续时间长，非常适合灰霉病的发生。春季如遇连续阴雨天气，气温偏低，温室大棚放风不及时，湿度大，灰霉病便容易流行。植株长势衰弱时病情加重。

（4）防治措施。

① 生态防治。采用高畦栽培，地膜覆盖，可以降低湿度，阻止土壤里的病菌往地上传播。设施栽培的棚室里，也要控制温度，降低湿度，要求叶面不结露或结露时间尽量缩短。遇到连续阴天，需要在温度稍高的中午通风。浇水与喷洒农药也应选择在晴天上午进行，并在温度较高时及时通风降湿。及时清理病残体，摘除病果、病叶等，带出田外或棚室外集中深埋处理。

② 药剂防治。发病初期，可以每周使用速克灵烟熏剂防治。也可用50%腐霉利可湿粉剂1500倍液、50%乙烯菌核利可湿性粉剂1000倍液、50%异菌脲可湿粉剂1500倍液、50%多霉清可湿粉剂800倍液，按间隔期5 ～ 7天1次。也可在茄子蘸花时，植物生长调节剂里加入0.1%的50%腐霉利（速克灵）可湿性粉剂。

80 茄子白粉病如何识别和防治?

(1)症状。茄子白粉病在保护地和露地栽培中都可以发生。在茄子的苗期和成株期均可发生危害，幼嫩的茎叶一般不易发病，主要在植株生长的中、后期发生。叶片、叶柄、果柄、果萼及果实均可受害。该病害主要危害叶片。初期在叶片背面的叶脉间产生不规则的白色小霉斑，边缘界限不明晰，叶面开始褪绿并出现淡黄色的斑块。叶背面的白色霉丛逐渐长大，产出白色粉状物，即病菌分生孢子梗及分生孢子。当病情继续发展时，病斑密布，白粉迅速增加，病斑相互连接成白粉状斑块，叶片正反面均可被粉状物覆盖，最终导致全株叶片变黄干枯，果实不能正常膨大，对产量和品质影响很大。叶柄发病时，初生圆形、白色霉斑，中、后期霉层覆盖大部分叶柄。果实上，首先受害的是果柄和果萼，病斑呈近圆形或不定形，霉斑较大，霉层绒絮状。果实表面一般无霉斑发生，只有当果实发育不良或出现生理裂果时果面上才有白色霉斑，且霉斑较大，霉层较厚。

(2)病原及传播途径。病原为单丝壳白粉菌。在低温干燥地区，病原菌主要以闭囊壳随病株残体遗留在田间越冬，或在保护地内的寄主作物上越冬。南方温暖地区，可在寄主作物上周年侵染。越冬后的病原菌在翌年条件适宜时，放射出子囊孢子，进而产生无性态分生孢子，病菌以无性态分生孢子依靠气流在田间寄主作物间传播危害。

(3)发病条件。分生孢子在15～25℃条件下经过3个月仍具很高的萌发能力，萌发的孢子从寄主叶背气孔侵入，扩大蔓延，引致该病流行。分生孢子形成和萌发的适温为15～30℃，一般25～28℃和稍干燥条件下该病易发生流行。此外，在空气不流通，水肥管理不当，偏施氮肥，植株徒长，枝叶过密，光照不足，植株长势弱的条件下发病严重。

(4)防治措施。茄子白粉病多发生在开花结果的中后期，该病病原菌为内寄生菌，在营养生长阶段菌丝都藏在叶片组织中，等到产生繁殖体的时候，才伸出叶面。因此难以在早期发现，而一旦发现，再用药防治就比较困难。因此，防治中一定要突出一个“早”字，以预防为主，采取综合防治措施来控制该病的发生和流行。

① **生态防治**。合理安排茬口，实行1～2年的轮作，并深耕晒垡，促进病菌死亡。在选择轮作作物时，应避免选择同科的番茄和辣椒等，也不要选择更易发生白粉病的黄瓜、西葫芦、南瓜等瓜类蔬菜。保护地内注意适当提高空气湿度，尽量避免忽干忽湿，以抑制病害的发生。田间发现病株及病叶应及早清除，集中深埋或烧毁，收获后及时清除植株残体，以断绝循环侵染途径。

② **药剂防治**。本着预防为主、能早治不晚治的原则，选择适当的农药与其他病害一起适时进行防治。最好在进入结果期时，喷施一些保护性的杀菌剂，如50%硫悬乳剂500倍液、75%百菌清可湿性粉剂500倍液、70%代森锰锌可湿性粉剂800倍液，每7～10天喷1次，连喷2次。发病初期，田间出现病叶时，必须使用具有内吸性的杀菌剂，可用70%甲基硫菌灵（甲基托布津）可湿性粉剂1000倍液、15%三唑酮1000～1500倍液、40%百菌清悬乳剂800～1000倍液、40%多硫悬乳剂400～500倍液、40%氟硅唑（福星）乳油4000～5000倍液、10%苯醚甲环唑（世高）水分散性颗粒剂1500～2000倍液、62.25%腈菌锰锌（仙生）可湿性粉剂600～800倍液等进行喷雾防治。每6～7天喷1次，连喷2～3次。

81 茄子早疫病如何识别和防治？

（1）症状。早疫病主要危害植株的叶片，前期使叶片出现褐色的小斑点，之后病菌的不断扩散，斑点也随之扩大，边缘为褐色，具有同心轮纹，直径为2～10毫米，并产生灰褐色的霉状物，最终造成植株干裂，同时叶片脱落，进而植株死亡（图12-8）。

图12-8 叶片早疫病

（2）**病原及传播途径。**病原为半知菌亚门真菌的茄链格孢菌。病原菌以菌丝体在病残体内或潜伏在种皮下越冬。病残体中的病菌可存活1年以上，种子上的病菌可存活2年。育苗期和成株期均可发病。植株发病后，在病部产生的分生孢子，借助风雨或灌溉水传播，进行扩散和再侵染。

（3）**发病条件。**该病对温度适应范围广，湿度是发病的主要条件，一般温暖高湿条件下发病较重。地势低洼、排水不良、连作及棚内湿度过高、通风透光差、管理粗放的田块发病严重。

（4）**防治措施。**

① **生态防治。**实行2～3年轮作，选用抗病品种，茄子拉秧后及时清除田间残余植株，大棚内注意保温和通风，每次浇水后注意加强要通风，以降低棚内空气湿度。

② **药剂防治。**早疫病在发病早期可以通过使用60%杀毒矾可湿性粉剂500倍液、75%百菌清可湿性粉剂400倍液、70%代森锰锌500倍液、50%克菌丹可湿性粉剂500倍液进行喷雾，每隔6～7天防治1次，持续2～3次。

82 茄子绵疫病如何识别和防治？

（1）**症状。**绵疫病也称疫病，是茄子中一个主要危害的病害。主要是针对即将成熟的茄子，引起烂茄。绵疫病主要影响茄子果实、叶、茎、花等部位。叶片感病时，颜色性状复杂，初期出现水渍状不规则病斑，随之褪绿变黄，继而感病叶片变暗绿色或紫褐色，枝叶垂萎，病部有稀疏白霉；发病后期，因寄生链格孢菌，产生黑霉，但不可误诊为黑斑病或黑霉病。果实发病时，近地果实先发病，先出现水渍状圆斑，微有凹陷，随后扩大呈片状，病部黄褐色腐烂状，果肉变黑褐腐烂，并寄生黑霉（图12-9）。茎部发病时，伤口或果柄部位会长出白色絮状菌丝并腐烂。

（2）**病原及传播途径。**该病害致病菌有2个，分别为真菌鞭毛菌亚门寄生疫霉菌和辣椒疫霉菌。绵疫病以卵孢子、菌丝体在土壤中随病残体越冬，并经过风、雨等自然现象传播，造成烂茄。卵孢子通过雨水接触到植株体后，萌发芽管并产生辐照器，通过侵入丝由植株表皮直接侵入，病部产生的孢子囊释放出游动孢子，可使病害传播扩大。

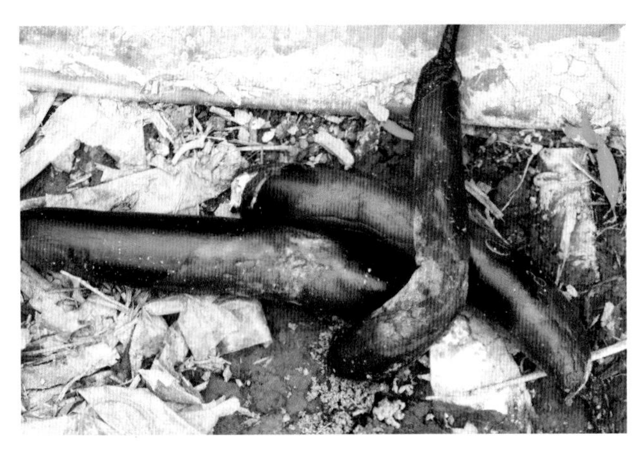

图 12-9　果实绵疫病

（3）**发病条件**。发育最适温度30℃，空气相对湿度95%以上菌丝体发育良好。在高温范围内，空气湿度是决定病害是否发生与发生程度的重要因素。此外，重茬地、地下水位高、排水不良、密植、通风不良，或保护地撤天幕后遇下雨，或天幕滴水造成地面积水、潮湿，均易诱发本病。

（4）**防治措施**。

① **生态防治**。采用高畦栽培，覆盖地膜防治土壤中的病菌向地上传播；采用轮作，选用排水良好的肥沃地块，施足有机肥、磷钾肥；及时整枝、打杈，清理下部叶，清理田园，拔掉病株，去掉病果、叶，收集起来深埋。

② **药剂防治**。预防可用1∶1∶200波尔多液、40%菲格悬浮液1000倍液、75%百菌清（达科宁）可湿性粉剂600倍液、80%代森锰锌（大生）可湿性粉剂500倍液进行喷施；治疗可用25%甲霜灵可湿性粉剂800倍液、72%锰锌霜脲（克抗灵）可湿性粉剂800倍液、58%甲霜·锰锌可湿性粉剂500倍液，均匀地喷洒在发病植株之上，不同农药交替使用，7天左右1次，连续进行3次。

83　茄子菌核病如何识别和防治？

（1）**症状**。菌核病在茄子整个生长期都可发病，成株更易发生，发病时整个成株各部位都有感病。主干基部或侧根先侵染，表现为褐色水渍状凹陷，病茎表面易破裂，湿度大时霉烂，髓部有黑褐色菌核，致植株枯死；叶片感病时有水渍状大块病斑，易脱落，并形成轮纹；果实感病时顶部或阳面出现水渍状斑点，并变褐腐，感病后期的果实病部凹陷并长出白色菌丝体、菌核（图12-10）。

图12-10 菌核病

（2）病原及传播途径。该病病原菌为子囊菌亚门真菌的核盘菌。核盘菌主要以菌核在土壤中及混杂在种子中越冬或越夏。菌核在土壤中可存活3年以上，浸在水中可存活1个月左右。在环境条件适宜时，菌核萌发产生子囊盘，子囊盘散放出的子囊孢子借气流传播蔓延，穿过寄主表皮角质层直接侵入，引起初次侵染。病菌通过病株、健株间接触和田间劳动操作，进行多次再侵染，加重危害。病害中期时，病部长出的白色菌丝形成新的菌核，也可再次侵染。整个侵染期很长，从定植初期到采收后期均可致病。

（3）发病条件。病菌喜温暖潮湿的环境，发病最适宜的条件为温度20～25℃、相对湿度85%以上。土壤中残留的菌核数量影响到病害发生的轻重，比如新建棚室里残留菌核少，发病相对较轻。棚室内温度、湿度对病情传播有影响，温度16～20℃、空气湿度85%～100%时的早春低温高湿，连续阴天等天气发病尤重。地势低、排水不良、种植过密、棚内通风透光差及多年连作等田块发病重。

（4）防治措施。

① 生态防治。培育壮苗，采用高畦或地膜覆盖来阻止病菌出土，加强管理，以降湿、保温来净化生长环境，最大限度地防止发生菌核病；对土壤表面用药剂处理，每100千克用68%甲霜灵·代森锰锌（金雷）水分散粒

剂20克均匀撒于茄子育苗土中，对定植棚室土壤表面施行药剂杀菌，即选择施用68%甲霜灵·代森锰锌（金雷）水分散粒剂500倍液对定植前土壤进行表面喷施，可有效杀灭土壤表面菌核；另外，需要清理病残体，并进行集中烧毁。

② 药剂防治。发生病害后，可用25%嘧菌酯（阿米西达）悬浮剂1500倍液、50%甲基硫菌灵可湿性粉剂500倍液、75%百菌清（达科宁）可湿性粉剂600倍液、20%甲基立枯磷乳油1000倍液、56%嘧菌百菌清（阿米多彩）悬浮剂1000倍液、50%乙烯菌核利可湿性粉剂1000倍液、50%乙霉·多菌灵（多霉清）可湿性粉剂800倍液、40%菌核净可湿性粉剂1000倍液进行喷施。

84 茄子褐纹病如何识别和防治?

（1）症状。茄子褐纹病也称“烂茄子病”，主要危害露地茄子，保护地茄子也有发生，该病在茄子各个生理期都会发生危害，甚至在运输和销售过程中也可继续危害。幼苗发病时，在近地表幼茎上会有梭形稍凹陷病斑，病斑在适宜条件下发展很快，造成幼苗猝倒、立枯，稍微大些的幼苗会形成“悬棒槌”。成株的叶片、茎、果实都能发病，果实受害最严重。当果实发病时，初期在果面上形成近圆形褐色小斑点，然后迅速扩展成大小、形状各异的稍凹陷的褐色湿腐性病斑（图12-11），病斑扩大时，可扩至整个果实，发病部位会轮生许多大的黑点。发病到后期，果实腐烂落果或成为僵果。当叶片发病时，初期叶片上产生白色小斑点，扩大后为圆形、类圆形或不规则、大小不一的病斑，中央为灰白色，边缘褐色或深褐色，并散生许多小黑点。病斑组织继续变薄，容易破碎或开裂穿孔。当茎秆枝条发病时，病斑为梭形或长椭圆形，中央灰白，边缘紫褐，并稍显凹陷，形成干腐状溃疡，表面产生许多小黑点，后期发病部位常出现皮层脱落，并暴露木质部。

图12-11　果实褐纹病

（2）病原及传播途径。该病病原菌为茄褐纹拟茎点霉。病菌主要通过分生孢子器和菌丝体随病残体在土壤中越冬，也可以菌丝体附着于种子的种皮中，或分生孢子附着在种子表面。在种子和土壤中的病菌可存活2年。种子带菌时可引起幼苗发病，土壤中病菌可导致茄株基部溃疡。而分生孢子可成为田间植株发病的侵染来源。褐纹病会随风雨、灌溉、昆虫及农事活动传播，可从伤口或穿透表皮进行侵入。成株的潜伏期一般为7天左右。

（3）发病条件。褐纹病病菌于7～40℃都可发育，最适温度为28～30℃，空气湿度达80%以上，此时极易发病。所以，露地茄子遇到连续阴雨或高湿，棚室茄子通风不佳、高温、高湿时发病严重。

（4）防治措施。

①生态防治。选用抗病茄子品种，比如长茄比圆茄抗病，青茄强于紫茄。多使用营养钵育苗，采用露地栽培方式则可以尽早播种、定植，通过提早茄子的生育期，以减少与褐纹病发生重叠的时间，并及时追肥以提高植株抗性。夏季干旱时在傍晚浇水，可降低地温，并在雨季及时排水以防积水，从而保护根系。适时采收果实，及时清除病叶、病果。

②药剂防治。茄子进入结果期时开始喷洒25%丙环唑（敌力脱、必扑尔）乳油6000倍液、70%代森锰锌可湿性粉剂500倍液、5%亚胺唑（霉能灵）可湿性粉剂800倍液、75%百菌清可湿性粉剂600倍液、4%四氟醚唑乳剂1500倍液、10%多抗霉素（多氧霉素）可湿性粉剂1000倍液、25%咪鲜胺乳油3000倍液、2.5%咯菌腈悬浮剂1500倍液等药剂进行喷雾，1周喷1次，连续施药2～3次。

85 茄子炭疽病如何识别和防治？

（1）症状。炭疽病一般是零星发病，危害果实，接近成熟和成熟的果实发病比较多，在初期发病时会在果实表面有圆形或不规则形的淡褐色、凹陷的病斑。病斑会不断扩大，汇合成大型病斑，扩大至大半个果实，发病后期表面会密生黑色小点，并在空气潮湿时溢出褐红色黏质物，发病果实的皮下微呈干腐状、褐色，严重时整个果实都腐烂。

（2）病原及传播途径。病原为平头刺盘孢，属半知菌亚门真菌。病菌附着在菌丝体和分生孢子盘里，随着病残体在土壤里越冬，也可附着在种子表面越冬。第二年分生孢子盘产生分生孢子，借助雨水传播至植株下部的果实，引起发病，播种后的带菌种子萌发时可侵染幼苗发病，发病的果实病部产生大量分生孢子，借助风雨、灌溉流动水、昆虫或人农事劳作，如摘果等，进行传播蔓延，并反复侵染。

（3）发病条件。孢子产生需高温、高湿的条件，田间发病的最适温度为24℃左右，空气相对湿度97%以上。低温多雨的年份病害严重，烂果多，气温30℃以上或干旱时该病停止扩展。重茬地、地势低洼、排水不良、氮肥过多、植株郁蔽或通风不良、植株生长势弱的地块发病重。

（4）防治方法。

① 生态防治。选用无病的种子和苗床进行栽植，采用高畦、高垄，覆盖地膜，栽培密度合理。采取轮作，少施氮肥，多施有机肥。加强通风排湿和棚室的管理，对于病果要及时摘除。

② 药剂防治。可用50%咪鲜胺锰络合物可湿性粉剂1000倍液、50%甲基硫菌灵可湿性粉剂500倍液、10%恶醚唑水分散颗粒剂800倍液、30%苯醚唑·丙环唑乳油3000倍液、70%甲基硫菌灵可湿性粉剂800倍液、68.75%噁唑菌酮·锰锌水分散剂1000倍液、65%多抗霉素（多氧霉素）可湿性粉剂700倍液、25%咪鲜胺乳油1500倍液、80%代森锰锌可湿性粉剂600～1000倍液、10%苯醚甲环唑水分散粒剂1500倍液、80%福美双可湿性粉剂800倍液、60%吡唑醚菌酯水分散粒剂500倍液、50%醚菌酯干悬浮剂3000倍液、25%嘧菌酯悬浮剂500倍液进行喷洒。

第十三章

茄子虫害防治技术

 茄子虫害防治的基本方法有哪些？

茄子的虫害绝大多数为昆虫及少许螨类。其中有咬食茄子根、茎、叶、花和果实的咀嚼式口器害虫，这类害虫会将叶片咬成孔洞并吃光，贴地面咬断秧苗，并蛀入果实。另一类是以口器刺入叶片、嫩梢组织吸食汁液的刺吸式口器害虫。这类害虫危害后，会使叶片、嫩梢皱缩、卷曲，甚至出现斑点和变色。对茄子虫害的防治主要有以下一些基本方法：

（1）清理虫源。在茄子生产的棚室及大田周围，及时清除杂草，减少害虫来源，利于从源头上进行断绝。

（2）物理防治。在温室和塑料大棚上用防虫网覆盖，使害虫不能进入网内。利用昆虫趋光的特点，用灯光诱杀成虫。用银灰色地膜覆盖或悬挂银灰色薄膜条，都有避蚜虫作用。用黄板或蓝板黏杀害虫。

（3）生物防治。可以利用昆虫的趋化性，用糖醋液（糖：醋：水=3：1：6）诱杀成虫；利用天敌昆虫来防治害虫，如当茄子遭受蚜虫危害时，可以利用其天敌昆虫瓢虫和草蛉进行防护。另外一些生物制剂如印楝素可防治白粉虱、夜蛾类害虫、棉铃虫、蚜虫等，鱼藤酮可防治蚜虫、二十八星瓢虫、夜蛾类害虫等。

（4）药剂防治。蚜虫、白粉虱、菜青虫等害虫对化学杀虫剂极易产生抗药性，在实际使用过程中，要避免单一药剂进行虫害防治，可采用不同的农药交替使用和复配使用，以提高杀虫效果。

87 如何使用黄、蓝板诱杀害虫？

粘虫板分为黄板和蓝板。粘虫黄板的杀虫原理是依靠害虫的趋色性来达到杀虫的目的，可诱杀的害虫有：潜叶蝇成虫、粉虱、蚜虫、叶蝉、蓟马等小型昆虫。蓝色粘虫板本身也是依靠害虫的趋色性诱杀害虫，蓝色粘虫板可以诱杀的害虫有：白粉虱、稻灰飞虱、梨木虱、潜叶蝇、实蝇、蚜虫、蓟马、蜡蚧、叶蝉等。使用粘虫板诱杀害虫，能够明显减少用药次数，减少用工成本。

茄子生长过程中可能同时遭受多种害虫的危害，可以同时使用2种颜色的粘虫板，以增加诱杀害虫的种类，提高诱杀效果，在实际使用过程中，应注意以下几点：

（1）诱虫板的悬挂方法。诱虫黄板的悬挂方向应该以板面向东西方向为宜，诱虫板悬挂高度高于茄子植株15～20厘米，并随植株生长做相应调整。

（2）诱虫板的悬挂时间及用量。诱虫黄板预防期时每亩悬挂20厘米×30厘米粘虫板15～20片，害虫发生期时每亩悬挂20厘米×30厘米粘虫板45片以上。

（3）诱虫板的使用期限。当黄、蓝板上粘虫面积达到60%以上时，粘虫效果下降，应及时清除粘板上的害虫或更换黄、蓝板，当黄、蓝板上粘胶不粘时也要及时更换。

（4）综合利用。黄、蓝板诱杀害虫应与药剂防治措施相配合，才能更有效地控制害虫危害。

88 如何使用糖醋液诱杀害虫？

根据害虫的趋化性制成的糖醋液被广泛地用来诱杀害虫，如小地老虎、黏虫、金龟子、鳞翅目类害虫，同时，糖醋液还能很好地预测主要害虫的发生情况，为害虫的及时药剂防治提供依据，并且不存在农药残留，不污染环境，对人畜安全。

诱蛾类糖醋液可用糖3份、醋4份、酒1份和水2份，配成糖醋液，并在糖醋液内按5%加入90%晶体敌百虫，然后把盛有药液的容器放在菜地，高度距地面1～1.5米，每亩放3处糖醋液，白天盖好，晚上打开，可诱杀斜纹夜蛾、甘蓝夜蛾、银纹夜蛾、小地老虎等害虫。定时清除诱集的害虫，每周更换1次糖醋液。

在实际应用中还要注意以下两点，以提高诱虫效果：一是合适的容器口径。糖醋液是靠挥发出的气味来诱引害虫，盛装糖醋液容器的口径越大，挥发量就越大，一般以10厘米左右为宜。二是合适的位置。容器需放在无遮挡处，这样容易被远距离的虫子发现。三是注意风向。需挂在当地常刮风向的上风口，或注意经常按风向移动瓶子的位置。

 茄子如何防治白粉虱和烟粉虱？

（1）危害症状。白粉虱和烟粉虱在茄子上发生严重，防治难度很大。成虫具有趋嫩性和趋黄性，多群聚于寄主植物幼嫩叶背面，取食顶部嫩叶并在上面产卵。成虫和若虫刺吸寄主植物汁液，使被害植株叶片褪绿变黄，萎蔫甚至枯死。成虫和若虫均能在寄主植物上分泌蜜露，堆积于叶面和果实上，引起煤污病的发生，大大降低蔬菜商品价值。由于白粉虱活动的密集性，还会引发病毒病的传播（图13-1）。

图13-1　白粉虱

（2）发生规律。白粉虱和烟粉虱的繁殖力强、繁殖速度快、种群数量大，身体小不易被发现，易产生抗药性，在保护地发生严重。白粉虱和烟粉虱繁殖速度快，全年皆可发生，没有休眠滞育期。通常1月繁殖1代，平均每头雌成虫产卵150粒，并可孤雌生殖10个以上雄性子代。其成虫尤其喜食幼嫩的枝叶，有强烈的趋黄色特性。当温度升高时，繁殖速度明显加快，如春末夏初时烟粉虱繁殖加快，到了夏秋时节烟粉虱危害最为严重。所以，从防治上来说应该是越早越好。

（3）防治措施。

① **生态防治。**采用天敌防治，可以在棚室内放养丽蚜小蜂进行防治；设

置防虫网，可以阻止粉虱飞入，大棚应设置40目* 的防虫网，夏季育苗小拱棚也可以加盖防虫网；在棚内设置黄板，设于距风口1米处，在地面上方1～1.5米处，可以诱杀棚室内的粉虱。重发生区提倡冬春茬栽培芹菜、韭菜、韭黄、油菜等耐低温而粉虱不喜食的蔬菜，适当减少茄子种植。

② 药剂防治。由于白粉虱世代重叠，同一作物上存在各种虫态，必须连续几次用药才能收到较好的效果。喷药应在白粉虱发生初期进行，防治白粉虱高效低毒的杀虫剂主要有噻虫嗪（阿克泰）、烯啶虫胺、吡蚜酮、啶虫脒、吡虫啉、噻嗪酮、联苯菊酯等杀虫剂。因粉虱极易产生抗药性，防治药剂须交替使用，避免产生抗药性。采取晚上用15%异丙威等烟熏剂熏棚，杀虫不留死角，效果较好。实际应用中，喷药、烟熏和黄板综合使用可起到较好的防治效果。

茄子如何防治蚜虫？

（1）危害症状。蚜虫聚集在茄子叶背、花梗或嫩茎上，吸食植物汁液，并分泌蜜露。叶片发生虫害后，植株叶片发黄，叶面逐渐皱缩卷曲。嫩茎、花梗受危害后，逐渐弯曲变成畸形，影响开花授粉，严重危害后不会开花，无法结实。并导致植株生长受阻，甚至枯萎死亡。蚜虫不仅会影响植株生长、开花结实，还会传播多种病毒病，造成病害的扩展蔓延。

（2）发生规律。蚜虫年繁殖代数多，1年可达10次以上。通过卵附着在寄主上越冬，或者以若蚜于温室蔬菜上进行越冬，全年危害。当环境温度达到6℃时就可危害，适宜的繁殖温度为16～20℃，春秋约10天可完成1个世代，夏季时可缩短至4～5天完成1代。每只雌蚜产若蚜达60只以上，具有繁殖速度快的特点。温度高于25℃的高湿环境下不利于蚜虫的繁殖，蚜虫危害减轻。蚜虫对于银灰色有趋避性，对于黄色有强烈的趋向性。蚜虫在早春时节增长速度慢一些，随着温度渐渐回升，蚜虫就会大量的繁殖，尤其是入夏之前。随着入夏雨水的增加，蚜虫就会减少一点，然后到了秋季就会开始繁殖，冬季气温下降又会慢慢地减少了。所以春末夏初、秋季都是蚜虫的高发时期。

---

* 目为非法定计量单位。筛目（也叫网目）是正方形网眼筛网规格的度量，一般是每英寸中有多少个网眼。

（3）**防治措施。**

① **生态防治。**蚜虫刺吸植株汁液会对茄子植株造成直接危害，还会成为传播病毒的媒介，因此，应该加强蚜虫的防治以预防病毒病。棚室周围的杂草要及时清除，需要经常检查作物上是否存在蚜虫，在发作初期做好防治工作。可铺设银灰膜以避免蚜虫，并设置蓝、黄板进行诱蚜。洗衣粉、尿素、水按1∶4∶400的比例配制，喷洒防治。

② **药剂防治。**蚜虫发作早期可以采用灌根施药法进行防治，可以很好地控制蚜虫。在发病后期可用22%噻虫·高氯氟的微囊悬浮剂1500倍液、2.5%高效氯氟氰菊酯（功夫）水剂1500倍液、25%噻虫嗪（阿克泰）水分散粒剂3000倍液、48%毒死蜱（乐斯本）乳油3000倍液、1%印楝素水剂800倍液、10%吡虫啉可湿性粉剂1000倍液进行喷施。

91 茄子如何防治茶黄螨和红蜘蛛？

（1）**危害症状。**茶黄螨危害时，成螨或幼螨会集中在茄子的幼嫩部分吸食汁液，特别是在茄子的幼芽、幼嫩叶片和花蕾上。遭受危害的叶片增厚、窄小、脆、缩皱或畸形。遭虫害的果实表皮变僵硬木栓化，膨大后呈表皮龟裂状（图13-2）。

红蜘蛛危害时，肉眼可见叶子背面有许多小红点，其实是红蜘蛛在刺吸汁液。还能看见红蜘蛛结成细细的丝网，成螨或若螨在叶背面刺吸危害。被吸食过的叶片正面有褪绿小斑点，严重时呈沙点状，远看为黄红色（图13-3）。

图13-2　茶黄螨

图13-3　红蜘蛛

（2）发生规律。茶黄螨和红蜘蛛的繁殖速度快，年繁殖25代以上，高温高湿有利于繁殖。茶黄螨和红蜘蛛依靠自身移动的距离不大，通常通过人为传带，如栽植时，进行远距离危害。

（3）防治措施。

① 生态防治。加强田间管理，培育壮苗壮秧，适当增加通风透光量，防止徒长、疯长，有效降低田间空气相对湿度，从生态上打破茶黄螨发生的气候规律，减轻危害程度。清除田间、地边杂草及残枝落叶，减少虫源基数。

② 药剂防治。植株中上部幼嫩部位和果实为施药重点部位，需要注意早防治。对症应用20%哒螨灵乳油1500倍液、1.8%阿维菌素（虫螨克星）乳油2000～3000倍液、40%噻螨酮（尼索朗）乳油2000倍液、73%炔螨特（克螨特）乳油2500倍液进行喷施。一般7～10天喷药1次，连喷2～3次。

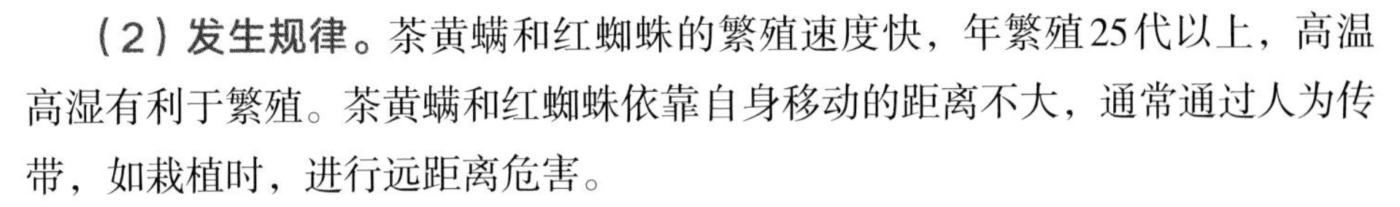

92 茄子如何防治蓟马？

（1）危害症状。蓟马以成虫、若虫刺吸茄子心叶、嫩茎和幼果中的汁液，使得被害植株嫩芽、叶片卷缩，心叶不能正常展开，从而出现丛生现象。幼果受害极易畸形，严重时会造成落果现象，被害果实表皮粗糙有斑痕，或者带有褐色波纹、布满“锈皮”，果实畸形。

（2）发生规律。在气候适宜的地区能1年发生20代以上，成虫会在茄科、豆科蔬菜以及杂草或者土缝中越冬，也有少部分的若虫越冬。第二年春，气温回升到12℃以上时，在茄子、杂草上繁衍。繁殖的适宜温度为25～32℃。羽化为成虫后爬出地表向上移动。蓟马有强烈的趋光性和趋蓝性，在夏秋季危害尤为严重。

（3）防治措施。

① 生态防治。清除田间杂草、杂物，如摘除的老叶、病枝，将其进行集中处理，沤肥或闷棚。利用成虫的趋避特性，设置黄、蓝板进行防治。

② 药剂防治。可用25%噻虫嗪（阿克泰）水分散粒剂3000倍液、0.36%苦参碱水剂400倍液、6%乙基多杀菌素（艾绿士）悬浮剂1500倍液、70%吡虫啉（艾美乐）水分散粒剂2000倍液、24.7%噻虫·高氯氟（阿立卡）微囊悬浮剂1500倍液等药液进行防治喷施。

93 茄子如何防治潜叶蝇？

（1）危害症状。潜叶蝇从茄子子叶到生长各时期的叶片，在茄子的整个生长周期都可危害。潜叶蝇幼虫潜入叶片，刮食叶肉，在叶片表面留下弯弯曲曲的隧道，虫害严重时，叶片布满灰白色的线状隧道（图13-4）。

图13-4 潜叶蝇

（2）发生规律。因为潜叶蝇在北方严寒的冬季无法越冬，但可以在全年种植蔬菜的温室中越冬，因此，可以在温室里周年危害叶片。通常雌虫刺伤寄主叶片取食后会留下食道作为产卵繁殖的场所。幼虫则用口古钩刮食叶肉，留下叶面的白色潜道。温度达到26.5℃时，适合潜叶蝇取食繁衍，正逢春秋两季茄子种植生长高峰期。所以，对潜叶蝇繁殖速度进行控制和早期防治是非常关键的。

（3）防治措施。

① 生态防治。对越冬温室收果后，清除田间植株并集中烧毁，或者进行粉碎后高温发酵沤肥，高温闷棚，除菌除虫同时进行；释放天敌法，可释放姬小蜂、草蛉、瓢虫等天敌昆虫，可以抑制潜叶蝇的危害扩大；早期虫害出现时，摘除虫叶，带出棚室外进行深埋；棚室栽培可设置防虫网，以防治成虫进入棚室，可以有效阻止潜叶蝇的进入；吊挂黄板进行防治。

② 药剂防治。采用25%噻虫嗪（阿克泰）水分散粒剂3000倍加2.5%高效氯氟氰菊酯（功夫）水剂1500倍液进行混合喷施，1.8%阿维菌素（虫螨克星）乳油2000倍液进行喷施。

94 茄子如何防治夜蛾类害虫?

(1)危害症状。夜蛾属多食性害虫，可危害200多种植物。会取食茄子的叶片、幼果与花蕾，幼虫食叶，将菜叶吃成孔洞或缺刻，并排泄粪便污染菜株。虫龄稍大时还可将叶片大面积吃空缺。白天潜伏在叶片下或根周围的土壤中，夜间出来活动和取食。严重时，往往能把叶肉吃光，仅剩叶脉和叶柄，吃完一处再成群结队迁移危害（图13-5和图13-6）。

图13-5 取食花蕾

图13-6 取食嫩叶

(2)发生规律。以蛹在土表下10厘米左右处越冬，当气温回升到15～16℃时。越冬蛹羽化出土。成虫产卵于叶片背面，卵期一般为4～6天，卵的发育适温是23～26℃。孵化后有先吃卵壳的习性，群集在叶背进行取食，2～3龄开始分散危害，4龄后昼伏夜出进行危害，整个幼虫期约30～35天，蛹期一般10天左右，越夏蛹蛹期50～60天，越冬蛹蛹期6个月左右，蛹的发育温度为15～30℃。在冬季、早春温度和湿度适宜时，羽化期早而较整齐，易于出现暴发性灾年。高温干旱或高温高湿对它的发育不利。

(3)防治措施。

①**生态防治。**设置防虫网，封闭棚室的风口，可以避免及减少杀虫剂。根据甘蓝夜蛾虫害的习性，可以通过设置黑光灯、糖醋液进行诱捕。

②**药剂防治。**在虫卵高峰期3～4天后，可用20%氯虫·高氯氟微囊悬浮剂（福奇）悬浮液1500倍液、40%氯虫噻虫嗪（福戈）水分散粒剂3000倍液

进行喷施，25～30天1次；用5%虱螨脲（美除）乳油液1000～1500倍、5%氟啶脲（抑太保）乳油液1000倍、10%虫螨腈（除尽）悬浮液1000～1500倍、2.5%高效氯氟氰菊酯（功夫）水剂1000倍液进行喷雾，每隔20～30天进行1次喷药。

95 茄子如何防治黄斑螟？

（1）危害症状。黄斑螟幼虫蛀食茄子嫩梢、嫩茎、花蕾和果实，造成枝叶枯萎、落花、落果和果实腐烂，使其失去食用价值。

（2）发生规律。茄黄斑螟属喜温性害虫，发生和蔓延的最适宜气候条件为20～28℃，相对湿度80%～90%，长江流域发生危害盛期为7～9月。在长江中下游，年发生4～5代，以幼虫结茧在残株上及土表缝隙等方式越冬。第二年3月越冬幼虫开始化蛹，5月上旬至6月上旬越冬代羽化结束，5月开始出现幼虫危害，7～9月危害最重，尤以8月中下旬危害秋茄最严重。成虫白天躲在阴暗处不活动，夜间活动极为活跃。卵散产于茄株的上、中部嫩叶背面。

（3）防治措施。

① 生态防治。及时摘除被蛀食的嫩梢及茄果。收获后应尽早处理茄秆，处理残株并翻耕土地，消灭越冬虫源。使用性诱剂进行防治。

② 药剂防治。在虫卵高峰3～4天后，可用20%氯虫·高氯氟微囊悬浮剂（福奇）悬浮液1500倍、40%氯虫噻虫嗪（福戈）水分散粒剂3000倍液进行喷施，每25～30天施药1次；或用5%虱螨脲（美除）乳油液1000～1500倍、5%氟啶脲（抑太保）乳油液1000倍、10%虫螨腈（除尽）悬浮液1000～1500倍、2.5%高效氯氟氰菊酯（功夫）水剂1000倍液进行喷雾，每隔20～30天进行1次施药。

96 茄子如何防治地下害虫？

（1）危害症状。地下害虫主要有地老虎和蝼蛄，均为多食性作物害虫。

主要以幼虫危害幼苗。幼虫将幼苗近地面的茎部咬断，使整株死亡，造成缺苗断垄，严重时需要大量补栽。蝼蛄活动时将土层钻成许多隆起的“隧道”，使根系与土壤分离，致使根系失水干枯而死。

（2）发生规律。小地老虎在中国分布很广，但以南方旱作及丘陵旱地发生较重；北方则以沿海、沿湖、沿河、低洼内涝地及水浇地发生较重。每年发生代数随各地气候不同而异，越往南，年发生代数越多，以雨量充沛、气候湿润的长江中下游和东南沿海及北方的低洼内涝或灌区发生比较严重；在长江以南以蛹及幼虫越冬，适宜生存温度为15～25℃。

蝼蛄以成虫和若虫在土内筑洞越冬，第二年气温上升即开始活动。6—7月是产卵盛期，成堆产于15～30厘米深处的卵室内。卵期10～26天化为若虫，在10—11月以8～9龄若虫期越冬，第二年以12～13龄若虫越冬，第三年以成虫越冬，第四年6月产卵。蝼蛄昼伏夜出，活动高峰期为晚上21：00—23：00，多在土壤表面活动。蝼蛄有趋光性，以香甜的东西及马粪有强烈的趋化性。

（3）防治措施。

①生态防治。清洁田园，铲除菜地及地边、田埂和路边的杂草；实行秋耕冬灌、春耕耙地、结合整地人工铲埂等，可杀灭虫卵、幼虫和蛹。在清晨，扒开刚被咬断的幼苗周围的土，人工捕杀幼虫。用糖醋液或黑光灯诱杀越冬代成虫。

②药剂防治。可用90%晶体敌百虫800～1000倍液、50%辛硫磷乳油800倍液、50%杀螟硫磷乳油1000～2000倍液、2.5%溴氰菊酯（敌杀死）乳油3000倍液喷雾。每亩用2.5%敌百虫粉剂0.5千克或90%晶体敌百虫1000倍液均匀拌在切碎的鲜草上，或用90%晶体敌百虫加水2.5～5千克，均匀拌在50千克炒香的麦麸或碾碎的棉籽饼（油渣）上，用50%辛硫磷乳油50克拌在5千克棉籽饼上，制成的毒饵于傍晚在菜田内每隔一定距离撒成小堆。在虫龄较大、危害严重的菜田，可用80%敌敌畏乳油或50%辛硫磷乳油，或50%二嗪磷（二嗪农）乳油1000～1500倍液灌根。

第十四章 茄子采收与贮运加工技术

 茄子如何进行采收?

(1)适时采收。茄子属于连续开花、连续坐果的作物,果实生长速度因品种、温度、光照、水肥和植株长势而异,一般开花后20天左右即可采收,2～3天采收1次。采收过早,果实偏小,影响产量。采收过晚,不但影响上部果实生长,而且果实商品外观和食用品质变差,影响销售。可综合考虑以下因素进行适时采收。

① **果实生长情况。**对于有明显"茄眼"(萼片与果实连接处)的品种,可根据"茄眼"的宽度确定,如"茄眼"较宽,说明果实正在快速生长,可暂不采收(图14-1和图14-2);如"茄眼"变得不明显,说明果实生长转慢或基本停止生长,应及时采收。对于一些"茄眼"不明显的品种,应根据品种特性,在果实生长到大小适宜、果皮颜色鲜艳且光泽度强的时候采收。

图14-1 茄眼较宽

图14-2 采收适期

② **植株长势情况**。一般结果初期的果实（门茄、对茄）应适当早收，以保证植株上部果实有充足的营养供应，四门斗及以后的果实应在充分成熟后采收，以保证产量。对长势较弱的植株，应适当早采收果实，减少果实对营养的消耗，促进植株健壮生长。对长势过旺的植株，应适当晚采收果实，防止植株徒长，影响后续坐果和果实生长。

③ **市场供需情况**。虽然适期采收可确保产量，但销售价格也是影响效益的重要因素，因此在确定采收期时，还要考虑市场供需情况，以获得高效益。在市场供不应求或供需基本平衡、价格稳定或波动不大的情况下，可等果实充分成熟后采收。在茄子大量上市、供过于求、价格开始大幅度下降时，应根据市场变化和果实生长情况，适当提前采收。

（2）科学采收。茄子采收一般在气温较低的早晨或傍晚进行，需注意以下几点：一是采收前避免大量浇水，否则会引起果实含水量高而不耐贮运。二是采收时需要戴手套，轻握果实，用剪刀剪断果柄，如果用手把茄子从果柄处拽断，容易拉断枝条，破坏果实表皮的蜡质层，在果实表面造成划痕和挤压伤，影响果实的商品外观，严重时会在贮藏运输期间发生腐烂。三是采收容器大小要适中，否则会造成底部果压伤，以对果实伤害较轻的塑料周转箱为宜，不宜选用易对果实造成伤口的竹筐和柳条筐。四是采收后的茄子应放到阴凉的地方，避免晒到太阳，否则会引起果实变软。

98 茄子如何进行分级和包装？

（1）分级。茄子采收后，应根据果实的大小、形状、色泽等感观表现进行果实分级（图14–3）。长茄以果实长度作为规格划分的依据，圆茄以果实直径作为规格划分的依据。等外果是指果实偏大或偏小，或有明显损伤，或严重畸形，或着色、光泽度差，或有病虫害。优质果的标准为果实大小适中，无损伤，果形正，色泽好。普通果的标准为果实大小适中，无明显损伤，果形较正，色泽好。将等外果剔除后，优质果与普通果分开放置。

（2）包装。茄子果肉较软，在采收后需要进行适当包装，包装主要有两个目的：一是减少水分蒸发，保持果实的新鲜度。二是便于在贮藏和运输过程中的搬运，减少因摩擦、挤压和碰撞而造成的机械操作损伤。

图 14-3　采收与分级

在包装过程中需要注意以下几点：一是采用的纸箱、塑料箱或泡沫箱要有一定的机械强度，以避免茄子在运输过程中损伤。二是箱子大小要适中，避免箱子底部的茄子受到挤压，一般每箱装10千克左右茄子。三是箱子应内置保鲜袋，减少果实水分蒸发，箱子和保鲜袋要留有透气孔，利于散热和气体交换。四是箱子内果实应摆放整齐，使同一等级、同一规格、同一包装内的果实外观均匀一致。果实间应紧密接触，否则会在搬运过程中发生摩擦，但不能压得太紧，否则会造成机械损伤。五是包装完成后，如暂时不运输或销售，应及时放入低温保鲜库或阴凉的地方（图14-4）。

图 14-4　装箱待收购

 茄子如何进行贮藏？

（1）贮藏环境的要求。茄子果肉为绵软的海绵组织，是典型的不耐贮藏蔬菜作物，在贮藏过程中损耗严重，长期贮藏建议使用低温保鲜库。影响贮藏最主要的因素是温度、湿度和气体，在贮藏过程中要注意以下几点：一是适宜的贮藏温度保持在10～12℃。温度过低，易发生冷害，表现为果皮水渍状凹陷，失去光泽，种子和果肉褐变，果实变软；温度过高，果实呼吸旺盛，营养物质消耗快，果实易失水软化。二是适宜的空气相对湿度保持在85%～90%，湿度过低，果实易失水，湿度过高，果实易发生病害。三是茄子堆放方式要合理，便于空气流通，贮藏期间及时通风换气，降低二氧化碳浓度。

（2）茄子贮藏方法。

①地窖贮藏。茄子果实进入地窖之前，先在窖底部铺一层干沙调节内部湿度。然后在地窖中由内向外码放茄子，两行之间必须留出一定空隙以方便进出和进行管理。第1层茄子的果柄插入地下沙中，第2层茄子果柄向上，第3层茄子果柄与第2层茄子的萼片接触、避免刺伤果面，每层两侧边缘的茄子果柄向外，进行侧放。如果贮藏的是长茄，最好按头对头、尾对尾的方式进行码放。为防止茄子在窖内生热，可每隔3～4米竖一通风筒和测温筒，以保持沟内适宜温度。茄子码好后，在上面覆1层牛皮纸、报纸或席，其上再盖1层塑料薄膜，以保持较高的湿度，而且防止通风时直接损伤茄子果面。如果温度过低，应加厚土层，堵严通风筒；如温度过高，可打开通风筒。采用这种方法一般可使茄子保鲜贮藏40～60天。除散放茄子果实外，入贮前也可把果实竖排在衬有报纸的筐、篓或有排气孔的纸箱、塑料果箱里，头排果柄朝上，第2排以后果柄朝下，并插在前排果实的空隙里，装满后盖上包装纸。逐个果实包上纸的贮藏效果更好。

②沟藏。适宜不太寒冷的地区。选择地势高、排水好的地方沿东西向挖一条宽1米、长3米、深1.2米的沟。沟的东西两端分别留1个通气孔。其中一端留出口，顶部用玉米秸秆覆盖，其上再覆约12厘米厚的土。将选好的茄子

果柄向下一层层码放，果柄插在每层果实的间隙中，以避免刺伤茄果，码5层茄果后，果顶上覆盖牛皮纸或报纸，将坑口堵上。随着温度的下降，在沟的顶部加土保温，并堵塞气孔；若温度过高，则打开气孔调节降温。可贮存40～50天。

③ 通风库（冷库）贮藏。茄子采收后装在筐中，置于12～16℃条件下预冷12～24小时，然后放在12～13℃通风库中贮藏。为了控制失水，除保持库房相对湿度在90%以上，还可采用单果包装的方法，即用高密度聚乙烯袋（厚0.01毫米）将选好的果实放入袋内，每袋装入1～2千克为宜，封袋，保水效果好，同时还有一定的气调作用，措施得当，可贮藏4周左右，保持原有的风味和鲜度不变。

④ 气调贮藏。将准备好的茄果在库房里码成垛，用塑料帐密封，帐内氧气浓度调节在2%～5%，二氧化碳浓度为5%。在这种低氧和高二氧化碳条件下，由于降低了呼吸和内源乙烯的合成，并阻止了乙烯的作用，可以防止果柄脱落，减少茄果腐烂，保持茄果原有的商品价值。采用低氧和低二氧化碳的气调贮藏，对防止果柄脱落和保鲜有一定的效果。夏天采用气调贮藏茄子，在20～25℃的条件下可贮藏1个月左右。

⑤ 保鲜剂贮藏。将10份蜂蜡、2份酪酰、1份蔗糖脂肪酸充分混合即为乳状保鲜剂。也可以用70份蜂蜡、20份阿拉伯胶、1份蔗糖脂肪酸混合后加温40℃调成糊状。用刷子将调好的保鲜剂涂于茄子果柄，稍凉后，于阴凉处贮藏。

100 茄子如何进行运输？

随着茄子栽培设施化、基地专业化和规模化的发展，大、中城市的茄子供应都需要长距离运输，茄子在运输过程中，容易发生压伤和腐烂，损耗比较严重。在运输中应注意以下几点：一是装车时，菜箱应摆放整齐，使菜箱不易发生移动，以避免车辆颠簸造成撞击、挤压和倾倒，引起果实受伤（图14-5、图14-6）。二是运输过程中要防止日晒雨淋，高温季节使用冷藏车，寒冷季节使用保温车。如使用普通货车运输，冬季或早春运输要注意覆盖棉被等进行保温，防止果实受冻，高温季节应在车内放入一些冰块降温，防止高温引起果实腐烂。三是运输过程中车速不宜过快，尽量不要急刹车，以免菜箱内果实相互摩擦损伤果皮。

图 14-5　包装好的茄子待装车

图 14-6　装好车的茄子待运输

参 考 文 献

包崇来，2019. 浙江茄子主栽品种及主要栽培模式[J]. 新农村，11：21-23.

郭竞，赵香梅，别志伟，等，2014. 我国茄子生产选择品种的原则[J]. 蔬菜，8：267-268.

李植良，黎振兴，孙保娟，等，2017. 白茄新品种白玉2号的选育及栽培技术[J]. 南方农业学报，48:1465-1469.

连勇，刘富中，陈钰辉，2006. 我国茄子地方品种类型分布及种质资源研究进展[J]. 中国蔬菜（增刊）：9-14.

刘军，杨艳，周晓慧，等，2018. 江苏省设施茄子栽培现状及主栽品种推荐[J]. 长江蔬菜，21:12-14.

王迪轩，2013. 大棚蔬菜栽培技术问答[M]. 北京：化学工业出版社.

王迪轩，2014. 辣椒、茄子、番茄优质高效栽培技术问答[M]. 北京：化学工业出版社.

许雪莉，李秀华，王昊旻，2016. 无公害蔬菜栽培病虫害防治技术[M]. 北京：中国林业出版社.

周晓慧，刘军，庄勇，2013. 茄子高效生产新模式[M]. 北京：金盾出版社.

周晓慧，刘军，庄勇，2013. 茄子设施栽培[M]. 北京：中国农业出版社.

邹敏，王永清，杨洋，等，2019. 不同砧木嫁接对茄子生长、品质及青枯病抗性的影响[J]. 中国蔬菜，9：50-54.